湖北省学术著作出版专项资金资助项目
国家自然科学基金面上项目(51778251)

李保峰　主编

陈宏　副主编／刘小虎　执行主编

Development and Application of Optimal Design Method
for Urban Micro-climate

街区室外微气候优化设计方法开发与应用

陈宏　著

华中科技大学出版社
http://www.hustp.com
中国·武汉

图书在版编目(CIP)数据

街区室外微气候优化设计方法开发与应用/陈宏著.—武汉:华中科技大学出版社,
2021.12

　(生态城乡与绿色建筑研究丛书)

　ISBN　978-7-5680-5768-4

　Ⅰ.①街…　Ⅱ.①陈…　Ⅲ.①城市-居住区-微气候-研究　Ⅳ.①P463.3

中国版本图书馆 CIP 数据核字(2021)第 259856 号

街区室外微气候优化设计方法开发与应用　　　　　　　　　陈　宏　著

Jiequ Shiwai Weiqihou Youhua Sheji Fangfa Kaifa yu Yingyong

策划编辑:易彩萍

责任编辑:陈　忠

封面设计:王　娜

责任校对:李　弋

责任监印:朱　玢

出版发行:华中科技大学出版社(中国·武汉)　　　电话:(027)81321913
　　　　　武汉市东湖新技术开发区华工科技园　　　邮编:430223

录　　排:华中科技大学惠友文印中心

印　　刷:湖北金港彩印有限公司

开　　本:710mm×1000mm　1/16

印　　张:12.5

字　　数:198 千字

版　　次:2021 年 12 月第 1 版第 1 次印刷

定　　价:158.00 元

本书得到以下基金项目支持：

滨水街区空间形态与江河风渗透之"量""效"关联性研究——以长江中下游城市为例（国家自然科学基金面上项目，项目编号：51778251）。

作者简介 | About the Authors

陈宏

2004 年获日本东京大学建筑学专业工学博士学位,现任华中科技大学建筑与城市规划学院教授,博士生导师。

目前兼任中国绿色建筑与节能委员会委员、住房和城乡建设部绿色建筑评价标识专家委员会委员、中国建筑学会健康人居学术委员会理事、湖北省土木建筑学会理事、湖北省土木建筑学会绿色建筑与节能专业委员会副主任委员。长期致力于绿色建筑设计、气候适应性城市与建筑设计、健康社区与建筑设计、低碳建筑设计等方面的研究与设计实践。

前　　言

近年来,伴随着人居环境的恶化,绿色建筑的发展受到广泛重视。我国更是将原来的"实用、经济、美观"六字建筑方针,调整为"实用、经济、绿色、美观"八字建筑方针,并在国家的"十三五"规划与"十四五"规划中明确了绿色建筑的发展目标。目前在我国提出的碳达峰、碳中和目标实现过程中,绿色建筑由于其节约资源及保护环境的特点,在建筑行业内将起到非常重要的作用。与传统的建筑设计不同,绿色建筑设计对于建筑的环境性能更加关注,在建筑设计时需要对设计作品的环境性能进行数值模拟与评价,因此,目前对于绿色建筑设计有了"性能目标导向的建筑设计"的提法。

街区室外微气候是街区环境性能的构成要素。在街区规划与建筑设计过程中分析建筑对微气候的影响,微气候数值模拟是常用的技术手段。但是在实际应用中,微气候数值模拟的作用还仅停留在环境性能评价手段的层面,无法真正实现以建筑环境性能作为设计目标进行最优化设计。本书提出的街区室外微气候最优化设计方法,在街区室外微气候模拟方法的基础上,采用遗传算法构建最优化设计平台,实现了模拟结果的自动反馈与最优化搜索,为利用计算机技术进行最优化设计提供了一条实现途径。

本书中的部分核心章节源于笔者在 2004 年于东京大学建筑学专业毕业时的博士学位论文。该论文的主要内容属于世界街区室外微气候领域最早开展遗传算法与最优化设计的研究之一。从最初多数人对最优化与遗传算法的不理解,到遗传算法在研究中成为热门工具,再到目前遗传算法与参数化设计结合进行最优化设计在实际工程中的应用,前后也不过十几年的时间。在笔者看来,最优化设计如此快速的发展,既得益于计算机行业的飞速发展及计算能力的迅速提高,也得益于在实际应用中对于提高建筑环境性能的巨大需求。

本书是有关街区室外微气候模拟方法与最优化设计的入门类书籍。近

年来，将数学中的各种优化算法应用于建筑环境性能优化的研究受到广泛关注，尤其是随着参数化设计平台以及各种开源应用插件的传播与普及，基于参数化平台进行建筑环境性能优化的研究成果大量涌现。基于优化算法与参数化平台的建筑环境最优化工具在研究与工程应用领域都开始被广泛接受。但是，对于优化算法选用与优化设计平台的构建，特别是在多目标优化概念与 Pareto 解集合的应用上存在许多困境。因此，我们认为很有必要面向科研人员、广大学生，以及国内一线的设计和工程技术人员较为系统地介绍遗传算法与多目标优化的基础知识、最优化平台构建方法、参数化软件平台与相关工具。鉴于此，在本书的内容设置上，我们注重系统性、应用性及可操作性，衷心希望本书能为包括建筑师、工程师在内的建筑行业的从业人员，以及广大学生的工作与学习带来一定的帮助。另外，本书也可以作为研究生在相关课程学习中的教材。

本书的部分章节源于笔者的已毕业研究生陈辛红与张倩同学（现任中南建筑设计院建筑师）的硕士学位论文，在此对二位同学表示感谢。本书策划与出版过程得到了华中科技大学出版社的大力支持，在此深表感谢。

由于最优化问题与参数化涉及范围广泛，我们的理论与知识水平有限，成书时间较为仓促，书中难免存在缺漏及欠妥之处，敬请广大读者批评指正，以便在本书再版时进一步更新与完善。联系邮箱：chhwh@hust.edu.cn。

陈宏

2021 年 10 月

目　　录

第一章 绪 论

第一节 研究背景

最近几年,东京等世界各大城市的天气变得越来越热。

据报道,全球温室效应导致年平均气温不断升高,近 100 年上升了 0.6 ℃。事实上,在日本,东京城市中心的气温以比温室效应更快的速度上升,东京的年平均气温大约上升了 3 ℃。另外,东京城市中心与周边地区的日最低气温都在上升,且东京城市中心气温的上升速度比周边地区更快。如图 1.1 所示,从东京城市中心和熊谷、宇都宫、横滨以及铫子的气温对比来看,周边地区气温上升 2 ℃左右,东京城市中心气温的上升速度是周边地区的 2 倍。而且,由此引发的一系列大气污染等环境问题更加严峻。另外,不仅仅是日本,世界上很多国家的城市也都出现温暖化现象,特别是大城市的气温都在升高。

我国同样存在上述大城市的温暖化问题。例如,我国的夏热冬冷地区涉及 16 个省、直辖市、自治区,具有地域广、人口多、经济发展迅速的特点,在国内的经济发展中占有较大的比重。近年来随着经济的快速发展,城市化进程急剧加快,导致城市的温暖化现象加剧,进一步突显了诸如城市与建筑热环境恶化、能源消耗剧增等一系列环境与社会问题。

城市温暖化的主要原因包括:随着城市化不断推进,覆盖在地表的人为建造的东西不断增多,导致绿地面积不断减少,水面不断下降,城市能源消费量增大,出现"城市热岛现象";热岛现象导致大城市气温升高,特别是在夏天,城市中不断出现盛夏、夜晚闷热的现象,发生集中暴雨以及大气污染等环境问题。

在这样的背景下,城市热岛现象成为学术界及建设行业关注的热点问

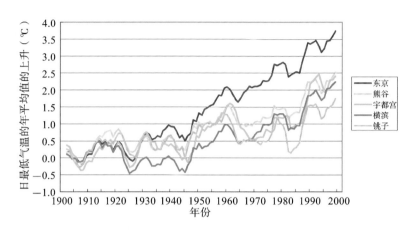

图 1.1 东京和周边地区的日最低气温的年平均值变化

(以 1900 年至 1909 年 10 年间的平均值为基准,图中表示上升的部分)

题。自 20 世纪以来,建筑师、城市规划师和气象学家一直关注着建筑物与周围环境之间的关系。建筑师认为周围环境主要取决于建筑规模,城市规划师研究了城市形态对建筑物的能源使用与热舒适性的影响,气象学家则对城市化带来的气候变化很感兴趣。从 20 世纪 60 年代开始,建筑师意识到仅将注意力集中在单个建筑物上是不够的,需要将分析范围扩大到街区与城市。

街区空间作为人们进行室外公共活动交往的重要场所之一,与人们的生活活动紧密相关。近年来国内外对街区空间的品质以及人们在街区空间中的活动与体验等方面的关注越来越多。传统的街区规划与建筑设计多数是根据设计者的经验确定街区环境的构成要素(例如建筑的体型、建筑群的布局、绿化配置等),其落脚点更多集中在空间形态设计方面,主要以定性设计为主,定量设计为辅。但是从街区室外微气候的角度出发关注设计策略的研究还相对较少。

尽管伴随着计算机的计算能力大幅提升,通过建筑室内外风环境、街区与建筑微气候的数值模拟,获取详细的建筑、街区外部空间的流场、温度场、辐射场、湿度场,从而"定量化"地进行街区与建筑室内外微气候的综合评价已经成为设计过程中可以选择的技术手段。但是这样的技术手段主要用于在规划与设计过程中进行微气候环境评价,还远达不到作为最优化设计方法进行开发与应用的层面。

街区微气候最优化设计,尤其是夏热冬冷地区的街区微气候最优化设计成为一个复杂的最优化问题主要是基于以下三点原因。

①目前的研究表明建筑的空间组合、绿化布置等环境构成要素的组合方式对于建筑热环境具有重要影响。通过对环境构成要素的优化组合来改善街区及建筑热环境是一种十分有效的手段。

②夏热冬冷地区气候变化极端,具有两种相反的气候特征。设计时需要同时兼顾两种不同的气候特征。建筑环境的热舒适性与节能成为突出的矛盾,需要通过多目标优化与多目标决策来寻找适当的平衡点。

③建筑热环境设计不仅是建筑热工学领域的课题,还涉及建筑设计、城市设计等多个相关领域。

最优化设计的相关研究已经得到广泛运用,产生了巨大的经济与社会效益。对于夏热冬冷地区微气候最优化设计这样的复杂多目标优化问题,采用多目标优化的方法进行最优化设计是非常必要的。在多目标最优化问题中,当需同时考虑的多个设计目标存在折中关系时,其最优解不是唯一解,而是成为 Pareto 最优解集合,决策者(设计者)可以从中选择使(或者满足)自身效率最大化的最优解(设计参数的组合)。对环境构成要素进行优化组合来改善街区及建筑微气候,对于提高资源的利用效率、有效地提高环境品质具有十分重要的现实意义。

近年来,随着对设计方式与相关技术层面的探索,参数化设计引起了设计师们的广泛关注。参数化设计不再单纯地关注于设计的结果,同时还聚焦于设计的过程,其改变传统的以建筑图纸和实体模型为基础调整模型的方式,通过对设计中相关参数的控制来改变设计结果,因此参数化设计在设计过程中不仅可以对设计参数的初始值进行修改,同时还能维护这些变量之间的相互关系。由于参数化设计本身具有非线性和复杂性的特点,设计者在运用参数化理念进行设计时,不仅能专注于对形态的探索,也可将生态和舒适性的理念引入设计体系,从而形成一套更科学严谨且可持续的设计体系。另一方面,最近将机器学习(machine learning)的方法与参数化设计结合进行环境的物理性能驱动的参数化设计也受到了学术界的广泛关注。

例如,使用机器学习方法可以为街区风环境建立预测模型,对风环境进行优化设计,从而提高优化设计的效率。机器学习是人工智能的一个分支,它结合了一些数学算法,使系统无须明确编程即可自动学习并取得改进。目前机器学习方法已广泛应用于众多领域,例如医疗保健、公共交通和智慧城市等。

第二节　　本书的构成

本书由七个章节构成。除本章外,主体部分主要分为三个部分。

第一部分:第二～四章为基础理论部分,介绍了基于对流辐射耦合模拟的街区室外微气候评价方法、基于遗传算法与对流辐射耦合模拟的室外微气候最优化设计方法,以及多目标最优化设计与决策等方面的基本知识。

第二部分:第五章为案例分析部分,通过4个案例,利用对流辐射耦合模拟方法及遗传算法,从单目标最优化到多目标最优化等不同角度介绍了行道树最优配置、建筑群最优布局,以及架空层的最优配置等街区微气候最优化设计的具体应用。

第三部分:第六～七章为参数化设计部分,通过2个案例分别介绍了滨江街区基于江风渗透的参数化设计,以及基于机器学习的居住区风环境优化等内容。

第二章 基于对流辐射耦合模拟的街区室外微气候评价方法

第一节 概 述

街区空间微气候研究是城市室外环境研究的重要组成部分,它以室外空气及辐射、建筑及表皮、地面及植被、人工排热等为对象,研究空气温度、空气湿度、下垫面的表面温度、太阳辐射、气流速度等气候参数。根据不同的研究目的,又可以从不同的角度对城市街区空间微气候进行研究。从理论上说,室外微气候自身的特点决定了微气候环境不只受到单体建筑本身的影响,还受到周围建筑和环境的影响。因此,实际意义上的室外热环境研究的对象应该是建筑群及其附属构件,只有在建筑群中才能体现室外热环境的各种影响因素。

为了提出针对街区空间微气候的有效营造策略,需要了解街区尺度下的微气候的组成及影响要素的基础知识。因此,作为基础理论部分,首先,本章将简要介绍街区微气候的研究内容和组成要素,包括微气候组成要素和环境组成要素。其次,本章将介绍适用于街区微气候的几种常用热舒适性评价指标,包括单一指标和复合指标,并介绍各种指标的优缺点及在街区微气候中的适用范围。最后,本章将对城市中常见的两种建筑形式 点式建筑和板式建筑形成的理想街区进行分析,并利用室外热环境影响度指标对街区微环境进行分析,找出不同街区形态下各影响因子对微环境的作用程度。

本章介绍的微气候评价指标、影响因子将作为后续章节的基础内容。本书将基于此展开分析,提出改善室外热环境的城市设计策略。

第二节　街区室外微气候模拟与评价方法

一、街区室外微气候模拟与评价流程

本书提出了一种基于非稳态分析的耦合模拟方法,采用三维流体分析、三维辐射分析和一维热传导分析[1]。书中使用的室外微气候模拟与评价方法如图 2.1 所示。首先,根据输入条件建立边界条件。其次,基于蒙特卡罗方法进行三维辐射计算。再次,通过求解非稳态一维热传导方程,计算地面或建筑墙壁内部的温度分布。然后,通过对辐射-热传导计算获取地面和建筑外墙的表面温度分布,并且以表面温度多位边界条件进行对流与水蒸气输送数值模拟,获得风速、空气温度、湿度和 MRT(平均辐射温度)的空间分布。最后,通过假设人体着装量和代谢量,计算人体热舒适指标 SET*[2][3] 的空间分布。

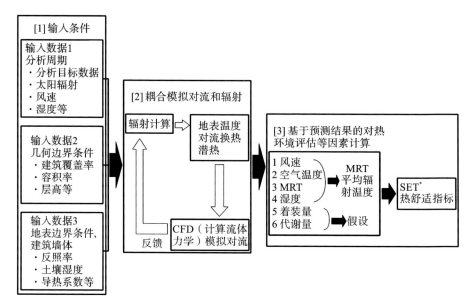

图 2.1　室外微气候模拟与评价方法

二、街区室外微气候模拟的数值模型

1. 辐射模拟

（1）基于蒙特卡罗方法计算形态因子

室外坐标系如图 2.2 所示。本书采用蒙特卡罗方法来计算形态因子。在蒙特卡罗方法中，如果从空间中的网格 i 中发出的辐射束总数为 $N_{i\text{total}}$，并假设到达网格 j 的辐射束为 N_{ij}，则形态因子 F_{ij} 由式（2.1）定义。

$$F_{ij} = \frac{N_{ij}}{N_{i\text{total}}} \tag{2.1}$$

（2）地面及建筑外表面热平衡计算

本书采用式（2.2）定义的热平衡方程计算地表面和建筑外表面的热平衡（图 2.3）。式（2.2）左边的正值表示热量流入网格 i，负值表示流出。根据热平衡方程，利用辐射传导计算得到地表面及建筑外表面各点的表面温度 T_i。

$$S_i + R_i + H_i + C_i + L \cdot E_i = 0 \tag{2.2}$$

式（2.2）中各项物理量（S_i、R_i、H_i、C_i、$L \cdot E_i$）的计算方程如下。

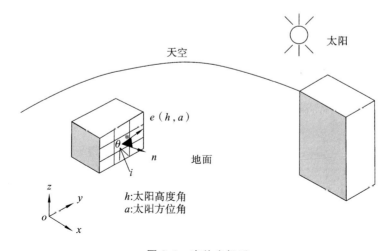

图 2.2　室外坐标系

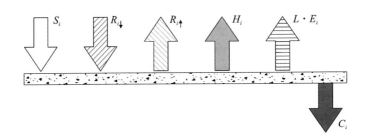

图 2.3　计算表面温度的相关物理量

①网格 i 吸收的太阳辐射量 S_i。

$$S_i = \alpha_i (E_{\mathrm{D}i} + E_{\mathrm{S}i}) + \sum_{j=1}^{n} B_{ij} (1 - \alpha_j)(E_{\mathrm{D}j} + E_{\mathrm{S}i}) \qquad (2.3)$$

其中,网格 i 获得的直达太阳辐射量为

$$E_{\mathrm{D}i} = A_i \beta_i I_{\mathrm{N}} \cos\theta^* \qquad (2.4)$$

网格 i 获得的天空太阳辐射量为

$$E_{\mathrm{S}i} = A_i F_{i\mathrm{S}} I_{\mathrm{SH}} \qquad (2.5)$$

式中:B_{ij} 为太阳辐射的 Gebhart's 吸收系数;β_i 为网格 i 的天空率;α_i 为网格 i 的太阳辐射吸收率;A_i 为网格 i 的面积;I_{N} 为法线面的直达太阳辐射量;I_{SH} 为水平面天空太阳辐射量;θ^* 为太阳天顶角。

②网格 i 吸收的长波辐射量 R_i。

$$R_i = R_{i\downarrow} - R_{i\uparrow} = \sum_{j=1}^{n} B_{ij} (\varepsilon_j A_j \sigma T_j^{\,4}) - \varepsilon_i A_i \sigma T_i^{\,4} \qquad (2.6)$$

式中:B_{ij} 为太阳辐射的 Gebhart's 吸收系数;T_i 为网格 i 的表面温度;ε_i 为网格 i 的长波辐射吸收率。

③网格 i 的对流传热量 H_i。

$$H_i = A_i \alpha_{\mathrm{c}} (T_{\mathrm{a}i} - T_i) \qquad (2.7)$$

式中:$T_{\mathrm{a}i}$ 为邻近壁面 i 区域的空气温度;α_{c} 为对流传热系数。

④网格 i 的热传导量 C_i。

$$C_i = -A_i \lambda \frac{(T_i - T_{\mathrm{b}i})}{\Delta z} \qquad (2.8)$$

式中:λ 为建筑外墙材料或地面的导热系数;$T_{\mathrm{b}i}$ 为建筑外墙内表面或深度 Δz 处的地下温度,通过计算固体中的瞬态热传导获得。

⑤网格 i 的表面蒸发散热量 $L \cdot E_i$。

$$L \cdot E_i = A_i \alpha_w \beta^* L(f_a - f_s) \qquad (2.9)$$

式中：L 为蒸发潜热；E_i 为网格 i 的水分蒸发量；α_w 为湿传递系数；β^* 为蒸发效率；f_a 为空气中的水蒸气分压；f_s 为建筑外表面或地面处的饱和水蒸气压力（网格 i 表面温度的函数）。

（3）空调负荷与空调排热计算

空调负荷通过式（2.10）进行计算：

$$Q = Q_C + Q_S + Q_a + Q_H \qquad (2.10)$$

其中，各项物理量的计算公式如下。

①通过建筑外墙的传热量 Q_C。

将建筑室内的对流传热系数设为 $4.0 \ W/(m^2 \cdot K)$，根据外墙内表面温度与室内空气温度的温度差，计算出迪过建筑外墙的传热量：

$$Q_C = \sum_{i=1}^{m} \alpha_{1i} A_i (\theta_{si} - \theta_r) \qquad (2.11)$$

式中：θ_r 为室内空气温度；θ_{si} 为网格 i 处建筑外墙的内表面温度。本书通过求解非稳态的一维热传导方程，即式（2.12）获得 θ_{si}：

$$\rho_w C_{pw} \frac{\partial \theta_{wall}}{\partial t} = \frac{\partial}{\partial x} \lambda \frac{\partial \theta_{wall}}{\partial x} \qquad (2.12)$$

式中：ρ_w、C_{pw}、λ 分别为建筑材料的密度、比热和导热系数。θ_{si} 即为 θ_{wall}。

②通过外窗获得的太阳辐射量 Q_S。

$$Q_S - \sum_{i=1}^{m} A_i \eta_i S_i \tau_i \qquad (2.13)$$

式中：η_i 为网格 i 的窗墙比；S_i 为网格 i 处获得的净太阳辐射量；τ_i 为网格 i 处玻璃的太阳透过率。

③换气热损失 Q_a。

$$Q_a = \rho \Delta i q_{ai} \qquad (2.14)$$

式中：ρ 为空气密度；Δi 为室内和室外的焓差；q_{ai} 为换气量。

④建筑内部热扰 Q_H。

Q_H 为假设的定值。

当建筑安装空调系统时，从空调室外机释放出来的热量 A_G 可通过式

(2.15)计算。该值可用作 CFD 模拟热源边界条件。

$$A_G = \left(\frac{1+COP}{COP}\right)Q \qquad (2.15)$$

式中:COP 为空调系统的能效比。本研究中,COP 被设定为 3.0。

2.CFD 模拟

本书引入改良型 Kato-Launder 模型[4][5]。该模型可抑制建筑迎风侧湍流能量 k 的过高评价。

在标准 k-ε 模型应用于数值分析时,建筑迎风角附近的湍流能量过高评价是一个重要缺陷。为了改善这个问题,几种改良 k-ε 模型被开发出来。Kato-Launder 针对标准 k-ε 模型中 k 的过高评价问题,提出了一种改良模型,在 k 的输送方程中生产项 P_k 的评价中导入了涡度尺度 Ω。

标准 k-ε 模型:

$$P_k = \nu_t S^2 \qquad (2.16)$$

$$\nu_t = C_\mu \frac{k^2}{\varepsilon} \qquad (2.17)$$

$$S = \sqrt{\frac{1}{2}\left(\frac{\partial u_i}{\partial x_j}+\frac{\partial u_j}{\partial x_i}\right)^2} \qquad (2.18)$$

Kato-Launder 模型:

$$P_k = \nu_t S\Omega \qquad (2.19)$$

$$\Omega = \sqrt{\frac{1}{2}\left(\frac{\partial u_i}{\partial x_j}-\frac{\partial u_j}{\partial x_i}\right)^2} \qquad (2.20)$$

在 Kato-Launder 模型中,停滞点附近的涡度尺度 Ω 变小,抑制了 k 的过度产生。使用 Kato-Launder 模型,当风从正面吹来时,可以看到显著的改善效果。然而,在 Kato-Launder 模型中仍存在当涡度的尺度 Ω 大于变形速度的尺度 S 时 P_k 被高估的问题。为了改善 Kato-Launder 模型的缺陷,村上等人对 Kato-Launder 模型进行了改良,提出将应用范围限制为 $\Omega/S \leqslant 1$(改良型 Kato-Launder 模型):

$$P_k = \nu_t S\Omega \quad (\Omega/S \leqslant 1 \text{ 时}) \qquad (2.21)$$

$$P_k = \nu_t S^2 \quad (\Omega/S > 1 \text{ 时}) \qquad (2.22)$$

3.绝对湿度的输送方程

在本研究中,导入了式(2.23)、式(2.24)来表示考虑了浮力影响的绝对湿度输送方程。

$$\frac{\partial q}{\partial t} + u_i \frac{\partial q}{\partial x_i} = -\frac{\partial}{\partial x_i} \overline{u_i' q'} \qquad (2.23)$$

$$\overline{u_3' q'} = -\frac{\nu_t}{\sigma_w} \frac{\partial q}{\partial x_3} - \frac{k}{\varepsilon} C_{\theta 3} g_3 \beta \overline{\theta' q'} \quad (\sigma_w = 0.5) \qquad (2.24)$$

4.计算新标准有效温度 SET*

在计算 SET* 时,假设人体的着衣量和代谢量分别为 0.5clo 和 1.5met(对应穿短袖衬衫和裤子,介于缓慢行走和站立之间的状态)。Seppanen 方程被用于计算人体的平均对流传热率。本研究利用夏季人体暴露于热环境中 1 小时后的皮肤温度和汗湿率计算 SET* 。

第三节　居住区夏季室外微气候的模拟及精度验证

深圳市以 1980 年成为经济特区为契机,在短短 40 年时间里,从一个只有 2 万人口的小镇迅速发展成为一个拥有 1343.88 万常住人口(截至 2019 年末)的特大城市。伴随着快速城市化进程,深圳的城市热岛现象加剧,夏季室外热环境明显恶化。本研究主要进行如下工作:①通过对深圳市某多层住宅区进行室外微气候的实际测量,掌握多层住宅区夏季室外微气候的实际情况;②对实际测量区域的微气候进行数值分析,并评价住宅区的夏季室外微气候状况;③提出住宅区室外微气候改善方案,并对其效果进行分析。此外,本节采用的模拟方法就是上一节所说明的基于对流辐射耦合分析的室外微气候模拟方法。

一、居住区室外微气候实测概述

1.实测对象

本研究以图 2.4 所示的深圳市某住宅区为实测对象。其中图 2.4(a)中区域 A 被定义为室外微气候实测区域。图 2.4(b)是实测住宅区的照片。在实测区域,建筑高度为 4～5 层,实测区域周边的建筑高度为 7～9 层。实测现场照片如图2.5所示。

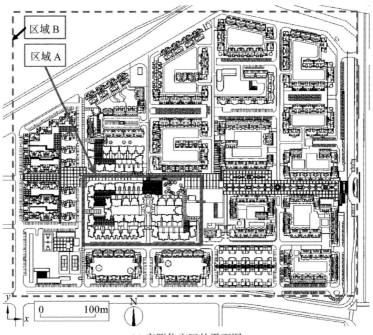

(a) 实测住宅区的平面图

(b) 实测住宅区的照片

图 2.4　室外微气候实测对象住宅区(来源:自摄)

图 2.5　实测现场照片(来源:自摄)

2. 实测时间与实测内容

实测时间为 2002 年 8 月 13—15 日。实测内容如表 2.1 所示。在区域 A 中选取多个测点测量风向、风速、气温、相对湿度、黑球温度、地表面温度和建筑外表面温度。图 2.6、图 2.7 表示各测点的分布。实测期间住宅区上空的气象条件(包括风向、风速、气温、相对湿度)在位于实测区域南侧的 9 层住宅楼(高度为 30.5 m)的屋顶进行测量。另外,为了避免建筑屋顶风速剥离区的影响,住宅区上空的风向、风速(表 2.1 中第 2 项)是在 9 层住宅屋顶设置的 6 m 高铁杆的顶部(高度为 36.5 m)进行测量的。气温与相对湿度(表 2.1 中第 3 项)是在距 9 层住宅屋面 1.5 m 的高度(高度为 32.0 m)进行测量的。

表 2.1　实测内容

No.	测点位置	实测内容	实测仪器	测点数量
1	背景测点:屋顶(9层住宅屋顶)	太阳辐射	全天日射仪	1
2		住宅区上空风向与风速	热线风速计+风向仪	1
3		住宅区上空气温与相对湿度	阿斯曼干湿球温度计	1
4	区域 A	风向、风速分布(高度1.5 m)	小型气象站	2
5			热线风速计+风向仪	3
6			微风速仪+风向仪	10
7		气温、相对湿度分布(高度1.5 m)	温湿度自记仪	10
8			小型气象站	2

续表

No.	测点位置	实测内容	实测仪器	测点数量
9		黑球温度(高度1.5 m)	黑球温度自记计	12
10		建筑外表面温度	红外线照相机	16
11	区域 A	地表面温度：铺装地面(日照区、日影区)	热电偶＋数据采集仪	2
			红外线照相机	16
12		草地表面温度（日照区、日影区）	热电偶＋数据采集仪	2
			红外线照相机	16

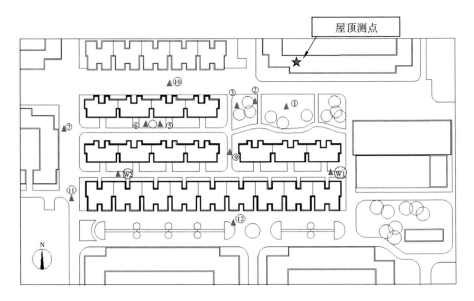

图 2.6　气温、相对湿度、黑球温度测点布置图

（W1、W2 测点为小型气象站）

3. 实测结果

图 2.8 显示的是在屋顶测点获得的全天太阳辐射量随时间的变化。实测期间，8 月 13 日、15 日为晴天，8 月 14 日为阴天。在 8 月 13 日和 15 日，正午前后全天太阳辐射量的数值都超过了 1000 W/m²，即使在天气条件为阴天的 8 月 14 日，正午前后全天太阳辐射量的数值也达到了 900 W/m²。另

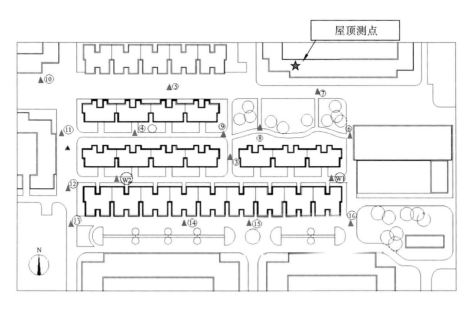

图 2.7　风向、风速测点布置图

▲ 固定测点：①、②　小型气象站
　　　　　　　③～⑤　热线风速计＋风向仪
▲ 移动测点：微风速仪＋风向仪

外，图 2.9 表示 8 月 14 日、15 日上空风向、风速随时间的变化，图 2.10 表示 8 月 14 日、15 日住宅区上空的气温、相对湿度随时间的变化。风向从东北至东南，8 月 15 日的风向非常稳定（东向），风速平均值约为 3 m/s。气温最高约为 34 ℃，相对湿度最低约为 50%。

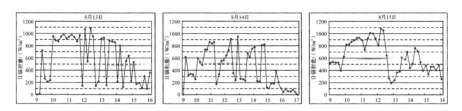

图 2.8　全天太阳辐射量随时间的变化

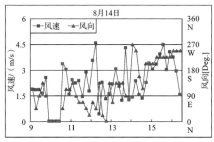
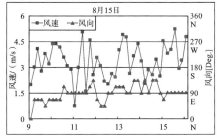

图 2.9　风向、风速随时间的变化

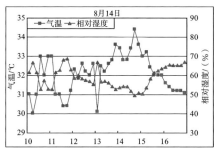
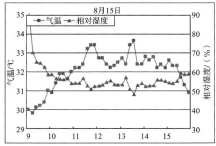

图 2.10　气温、相对湿度随时间的变化

二、住宅区室外微气候模拟设置

1. 模拟区域

本研究将图 2.4 中红色实线所包围的实测对象区域（区域 A）作为模拟区域。表 2.2 表示建筑表面与地表面覆盖材料的物性值。图 2.11 表示模拟区域 A 的地表覆盖状况，其中 A 栋和 C 栋的一层均设有架空层。

表 2.2　建筑表面与地表面覆盖材料的物性值

材料	日射反射率	长波吸收率	蒸发效率
混凝土	0.30	0.90	0.00
沥青	0.10	0.95	0.00
草地	0.20	0.90	0.30

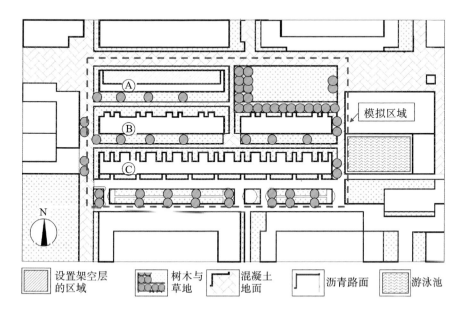

图 2.11　地表覆盖状况(用于辐射模拟)

2. 模拟时间

住宅区的室外微气候模拟时间对象为 8 月 15 日。CFD 模拟以 8 月 15 日 12 时为对象,辐射与传导模拟主要是对 8 月 14 日 0 时至 8 月 15 日 24 时之间 48 小时的模拟计算,并以 8 月 15 日的全天 24 小时模拟结果为研究对象。其中以 8 月 15 日 12 时的地表面、建筑外墙表面温度为边界条件进行 CFD 模拟。

3. 气象条件

气象条件采用屋顶测量点的实测数据。根据实测结果,CFD 模拟(8 月 15 日 12 时)的风向设定为东偏南,风速设定为 3.5 m/s,高度为 36.5 m,气温和相对湿度分别设定为 33.2 ℃和 52.6%。

4. 模拟步骤

如图 2.4 所示,模拟计算以空间尺度不同的 2 个区域 A 与 B 为对象分 2 个阶段进行。

(1)大区域模拟(区域 B)

以图 2.4 中虚线包围的住宅区整体空间(区域 B)为对象,进行 CFD 分析。根据区域 B 的 CFD 模拟结果,提供区域 A 的流入风速边界条件。

(2)建筑周边环境模拟(区域 A)

以图 2.4 中实线包围的小区域(区域 A)为对象,进行对流、辐射、水蒸气输送耦合模拟。首先,利用非稳态辐射与传导模拟,计算室外地表面、建筑外墙表面的表面温度。然后,将上述结果,以及步骤(1)提供的流入条件作为 CFD 模拟的边界条件,以区域 A 为对象进行 CFD 模拟(稳态模拟),获得风速、温度、相对湿度等的空间分布。

三、模拟结果与实测结果的比较

1. 地表面温度分布

图 2.12 表示的是区域 A 地表温度分布的计算结果。草地表面温度在日照部分为 38～41 ℃,日影部分为 30～32 ℃;混凝土表面温度在日照部分为 50～52 ℃,日影部分为 41～42 ℃;沥青路面的表面温度在日照部分为 61～63 ℃,日影部分为 46～47 ℃。表 2.3 为草地、混凝土地面、沥青路面温度的模拟值与实测值比较。各点的计算结果与实测结果能够很好地对应,显示模拟具有良好的精确性。

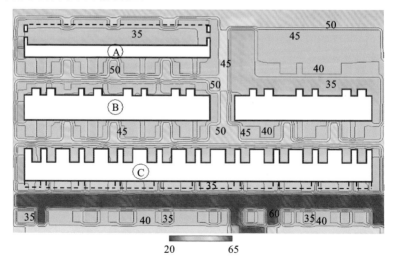

图 2.12　地表面温度分布(单位:℃)

表 2.3 地表面温度的模拟值与实测值比较

	草地/℃		混凝土/℃		沥青/℃	
	日照区	日影区	日照区	日影区	日照区	日影区
模拟结果	40.1	32.3	51.2	42.5	63.1	47.4
实测结果	37.4	30.2	48.1	38.2	58.2	49.1

图 2.13 显示的是树木周围的地表日照区、日影区测量的地表面温度随时间的变化。位于日照区的 Ⅰ、Ⅱ 号测点分别是在树的西侧与树相距 180 cm、270 cm 的测量点,位于日影区的Ⅲ、Ⅳ号测点分别是在树的东侧与树相距 180 cm、270 cm 的测量点。与日照区相比,日影区地表温度下降 4~5 ℃。此外,在日照区,测点Ⅱ的地表温度比测点Ⅰ高 0.5~1 ℃。这可以认为是因为测点Ⅱ离树木远,所以受到的太阳辐射量比测点Ⅰ多。另一方面,日影区的 2 个测点虽然从实测开始时(14:15)有 1~2 ℃的温差,但 14:45 以后的表面温度基本相同。

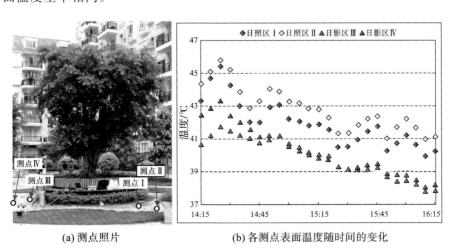

(a) 测点照片   (b) 各测点表面温度随时间的变化

图 2.13 地表面温度随时间的变化

2.建筑外墙表面温度分布

图 2.14 显示的是图 2.12 中所示 A 栋南立面、B 栋北立面以及 C 栋南立面的表面温度分布。建筑外墙的表面温度在建筑 A 栋的南立面为 34~

38 ℃、建筑 B 栋的北立面为 33~35 ℃、建筑 C 栋的南立面为 35~38 ℃。在使用红外线相机获得的建筑外墙的表面温度实测结果中,南立面为 35~38 ℃,北立面为 32~34 ℃。这样的结果与模拟结果具有良好的对应性。

图 2.14(a)中用虚线包围的部分是建筑与树木邻接的部分,此区域的外墙表面温度由于树木屏蔽太阳辐射而降低。此外,在 A 栋南面的地表附近有三处高温区,其原因在于壁面附近的地面是具有高表面温度的混凝土地面,受到了较多来自地面的长波辐射。图 2.14(b)中虚线包围的部分表示 B 栋建筑的凸出部分(详见图 2.4(b))。凸出部分形成的阴影,导致凹陷部分的外墙表面温度降低 1~2 ℃。在图 2.14(c)中所示虚线下方是架空层,太阳辐射受到架空层的遮挡,导致一楼的建筑外墙表面温度比其上部的表面温度降低了 3~4 ℃。

3.风速分布

图 2.15 显示的是区域 B(住宅区整体)高度 1.5 m 处风速的水平分布。在多层住宅区整体范围内,被建筑围合的庭院中可见明显的低风速区,但在位于住宅区中心部的东西向主要道路上,显示出自然通风良好的"风道"效果。

图 2.16 表示区域 A 中 1.5 m 高度的风速矢量与标量的水平分布。区域 A 的整体趋势为东风,与图 2.17 所示的相同区域的实测结果非常一致。从风速标量值来看,模拟结果在①点处为 1.6 m/s,在②点处为 1.1 m/s,实测结果在①点处为 1.4 m/s,②点处为 1.0 m/s。模拟结果与实测结果同样具有良好的对应性,验证了模拟结果的精确性。与多层住宅的围合庭院相异,由于建筑布局平行于区域 A 中的风向,因此,区域 A 的整体自然通风状况较好。但在下风侧,风速存在下降趋势,原因在于建筑的凹凸体型产生的风速降低效果,以及下风侧与风向垂直布置的 9 层住宅产生的阻碍作用。另一方面,在图 2.16 中,A 栋建筑的虚线所示的架空层(高度 2.5 m)部分由于处于三面围合的空间,自然通风状况较差,风速较低。C 栋建筑的架空层(高度 2.5 m)自然通风良好,从而风速较高。此外,在凹凸不平的建筑形体附近,风速也有所降低。

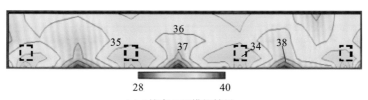

(a) A栋南立面模拟结果

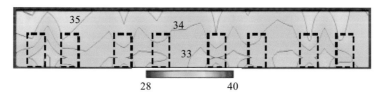

(b) B栋北立面模拟结果

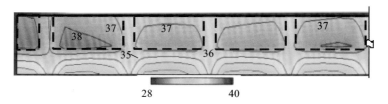

(c) C栋南立面模拟结果

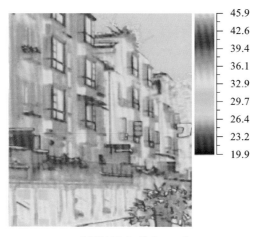

(d) 实测结果（C栋南立面）

图 2.14　建筑外墙表面温度的垂直分布（单位：℃）

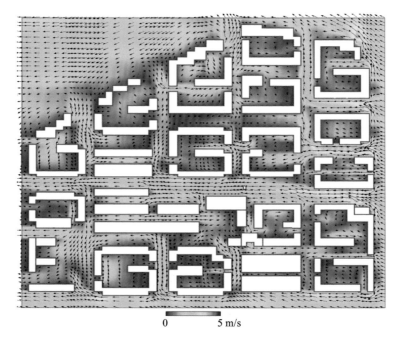

图 2.15　区域 B 的风速分布(高度 1.5 m)(8 月 15 日 12 时)

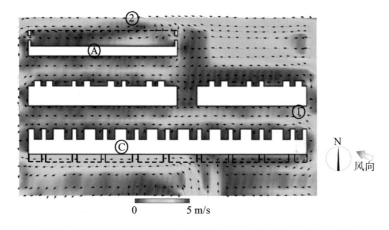

图 2.16　区域 A 的风速分布(高度 1.5 m)(8 月 15 日 12 时)

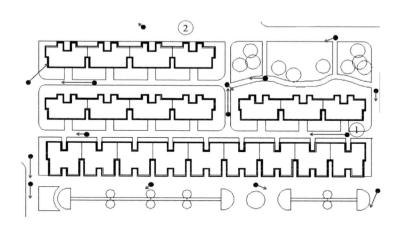

图 2.17　区域 A 的实测结果(高度 1.5 m)(8 月 15 日 12 时)

4.气温分布

图 2.18 显示的是区域 A 高度 1.5 m 处气温的水平分布。绿地上空的气温为 29~31 ℃,混凝土地面上空的气温为 30~32 ℃,沥青路面上空的气温为 32~33 ℃。图 2.19 表示相同区域的 4 个测点(①、⑩、⑫、⑬)的实测结果。与实测结果相比,模拟结果较为精确。另外,虚线所示的 A 栋架空层部分的气温为 29~30 ℃,气温相对较低。

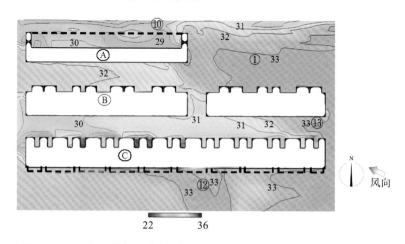

图 2.18　区域 A 的气温分布(高度 1.5 m)(8 月 15 日 12 时)(单位:℃)

23

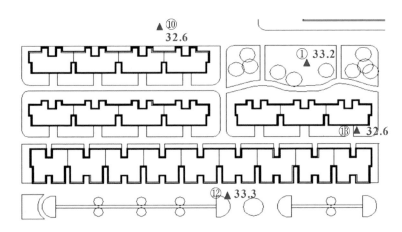

图 2.19　区域 A 的实测结果(高度 1.5 m)(8 月 15 日 12 时)(单位:℃)

5.相对湿度分布

图 2.20 显示区域 A 高度 1.5 m 处相对湿度的水平分布。模拟结果显示位于绿地上空的相对湿度值为 51%~52%,局部部分为 54%~57%,混凝土地面上空相对湿度为 50%~51%,沥青路面上空相对湿度为 49%~50%。图 2.21 显示相同区域的四个测点(①、⑩、⑫、⑬)的实测结果。模拟结果比实测结果高出 3.1%~10.7%,但表现出相同的趋势。此外,尽管 A 栋建筑的架空层部分为混凝土地面,但由于气温较低,导致相对湿度有所上升。

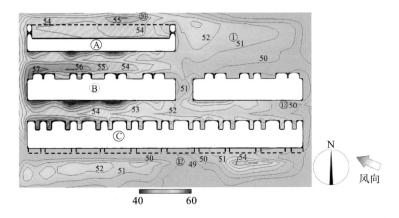

图 2.20　区域 A 的相对湿度分布(高度 1.5 m)(8 月 15 日 12 时)(单位:%)

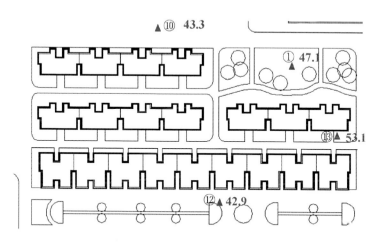

图 2.21　区域 A 的实测结果(高度 1.5 m)(8 月 15 日 12 时)(单位:%)

6. MRT 分布

图 2.22 显示区域 A 高 1.5 m 处 MRT 的水平分布。从整体趋势来看,草地上空为 40～45 ℃,混凝土地面上空为 45～50 ℃,沥青路面上空为 47～50 ℃。在用虚线包围的 A 栋建筑和 C 栋建筑的架空层部分,由于架空层遮挡了太阳辐射,导致 MRT 的值较低。图 2.23 表示测点⑨、⑩随时间变化的 MRT 值。MRT 的数值是利用测点⑨、⑩处的风速、气温、黑球温度(分别为 5 分钟间隔平均值)计算获得的。其中上午位于日影部分的测点⑨处,其 MRT 值相较于位于日照部分的测点⑩处低 4～5 ℃,最多低了约 9 ℃。但是由于测点⑨在 12:00—15:00 成为日照部分,该点的 MRT 值变得与测点⑩的 MRT 值几乎相同。在 15:00 之后,由于测点⑨处再次成为日影部分,MRT 相较于日照部分的测点⑩处低 2 ℃左右。15:00 以后分别位于日照部分和日影部分 2 个测点的 MRT 数值之差比上午要小,体现出测点⑨在 12:00—15:00 受到太阳辐射土壤及壁面的蓄热效果。在 A 栋建筑和 C 栋建筑的架空层部分,MRT 的数值出现下降。

7. SET* 分布

图 2.24 显示区域 A 高度 1.5 m 处 SET* 的水平分布。从整体趋势来看,草地上空为 30～33 ℃,混凝土地面上空为 33～39 ℃,沥青路面上空为

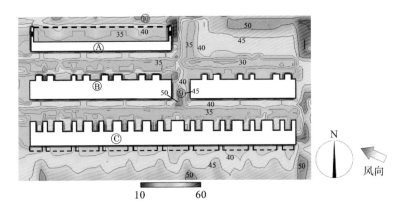

图 2.22　区域 A 的 MRT 分布(高度 1.5 m)(8 月 15 日 12 时)(单位:℃)

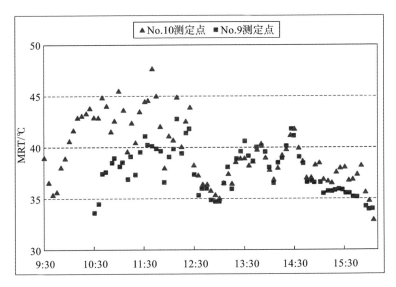

图 2.23　随时间变化的 MRT 值(高度 1.5 m)(8 月 15 日)

36~39 ℃。区域 A 内 SET* 的值大部分高于 30 ℃,表明夏季室外微气候较为恶劣。特别是位于沥青路面部分,SET* 为 36~39 ℃,其原因在于沥青路面的表面温度高,从而导致气温和 MRT 值升高。在 C 栋建筑的架空层部分,由于自然通风良好及架空层遮挡阳光,MRT 数值较低,SET* 也较低。与此相反,在 A 栋建筑的架空层部分,风速较低、相对湿度较高,导致 SET*

数值较高。另外,在草地部分,SET*的值为区域 A 中最低的部分,说明了绿地对于夏季室外微气候具有缓和效果。

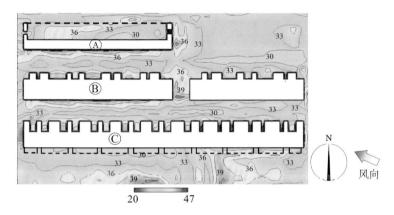

图 2.24　区域 A 的 SET* 分布(高度 1.5 m)(8 月 15 日 12 时)(单位:℃)

四、住宅区室外微气候改善方案及模拟

1. 改善方案

从前文中对于住宅区室外微气候现状模拟的结果可以看出,住宅区内整体的 SET* 值较高,夏季室外微气候较为恶劣。通过分析微气候现状时发现的问题,笔者提出了室外微气候改善方案,如图 2.25 所示。为了改善住宅区室外微气候,本研究针对住宅区现状进行了以下两处调整:

①为了改善下风侧的自然通风条件,在建筑中部分区域设置架空层(高度 3 m);

②为了避免在上风侧集中种植的树木降低区域内的风速,减少部分集中种植的树木。

2. 改善方案的风速分布

图 2.26 为区域 A 高度 1.5 m 处风速的水平分布。与现状的风速结果相比,在改善方案中,通过设置架空层,在许多区域,特别是架空层部分,风速提高了 1～2 m/s,表明下风侧自然通风性能得到较为明显的改善。

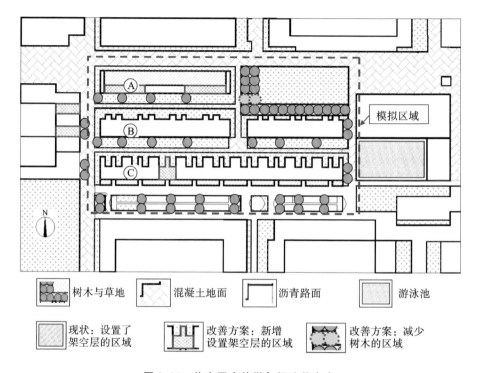

树木与草地　　混凝土地面　　沥青路面　　游泳池

现状：设置了
架空层的区域　　改善方案：新增
设置架空层的区域　　改善方案：减少
树木的区域

图 2.25　住宅区室外微气候改善方案

3. 改善方案的气温分布

图 2.27 表示区域 A 高 1.5 m 处的气温水平分布。与现状的气温结果相比，在改善方案中，大部分区域的气温都有所下降。其原因在于住宅区内的自然通风性能的改善，可以有效地促进热量的扩散，降低建筑周边的气温。

4. 改善方案的 SET* 分布

图 2.28 显示高度 1.5 m 处的 SET* 水平分布。在设置架空层的部分，气温相对较低，为 30～36 ℃。此外，图 2.29 表示通过将改善方案与住宅区现状进行对比所显示的 SET* 的增减状况（改善方案－现状）。图中灰色区域表示在改善方案中 SET* 得到降低，从而使得室外夏季微气候得到改善的区域。图中所示的大部分区域，SET* 降低了 1～4 ℃，最高的位置降低了 6 ℃左右，表明通过改善方案，住宅区的夏季室外微气候得到了改善。

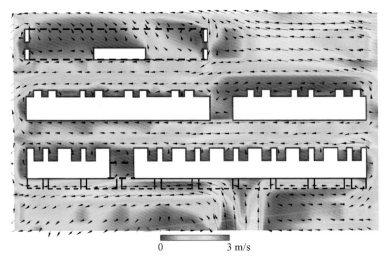

图 2.26　改善方案的风速分布(高度 1.5 m)(8 月 15 日 12 时)

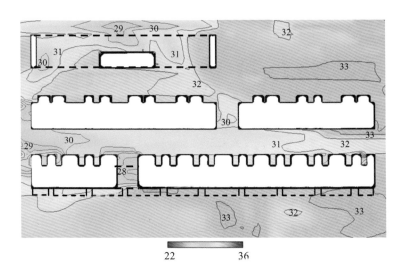

图 2.27　改善方案的气温分布(高度 1.5 m)(8 月 15 日 12 时)(单位:℃)

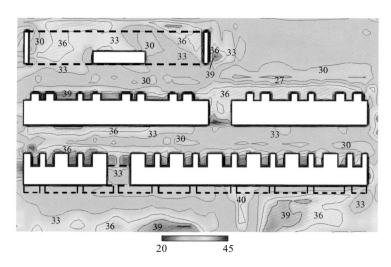

图 2.28 改善方案的 SET* 分布(高度 1.5 m)(8 月 15 日 12 时)(单位:℃)

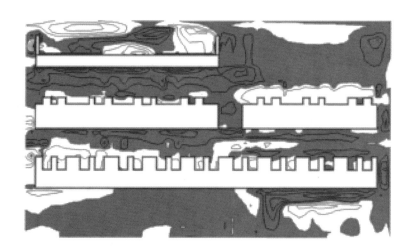

图 2.29 改善方案的降低 SET* 效果(改善方案—现状)

(图中灰色的区域表示通过改善方案降低 SET*,使夏季室外微气候得到改善的区域)

第四节　建筑表皮绿化的室外微气候调节效果分析

近年来,为了缓和室外微气候,通过屋顶绿化和墙面绿化来促进城市下垫面的潜热蒸发,改善室外微气候的设计策略备受关注。本节采用对流、辐射、水蒸气输送耦合模拟方法,探讨建筑外墙绿化对室外空间热舒适的影响。

一、模拟概述

1. 街区模型

本研究以低层高密度居住区为研究对象,将街区假设为如图 2.30 所示的均匀排列的街区模型。每个建筑均设定为边长 9 m 的立方体,4 栋低层建筑为一组模型单元。图 2.31 表示用于辐射模拟的模型单元的网格划分,图 2.32 表示用于 CFD 模拟的网格划分。耦合模拟以图 2.30 所示连续单元构成的街区模型为对象。

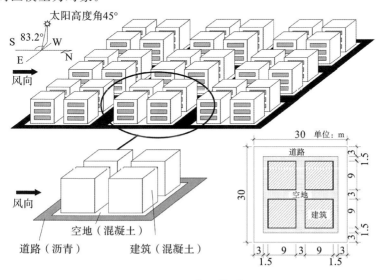

图 2.30　街区模型

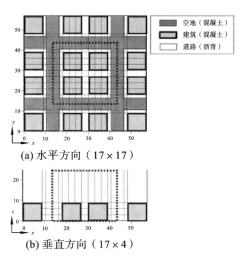

(a) 水平方向（17×17）

(b) 垂直方向（17×4）

图 2.31　辐射模拟网格划分

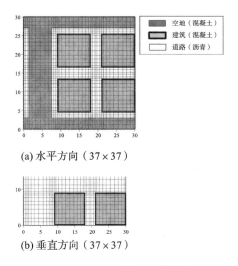

(a) 水平方向（37×37）

(b) 垂直方向（37×37）

图 2.32　CFD 模拟网格划分

2. 模拟工况设置

本研究的模拟工况设置如表 2.4 所示。case1 是建筑外墙表面全部为混凝土表面的工况（基本案例），case2 是建筑外墙表面全部进行表面绿化的工况，case3 是仅屋顶表面进行绿化的工况。表 2.5 给出模拟计算设定的建筑外墙各种表面设定下的日射反射率、长波辐射吸收率、蒸发效率等参数值。

同时，建筑外墙的传热系数为 5.8 W/(m² · K)（相当于混凝土厚度为 280 mm 的墙壁），室内气温为 26 ℃，室内侧墙面的对流传热系数为 4.6 W/(m² · K)。地面向地下的传热量通过将土壤传热系数设定为 1.16 W/(m² · K)，以及地下 0.5 m 温度设定为 26 ℃ 定值来计算。建筑外墙与地面的对流传热系数设定为 11.6 W/(m² · K) 定值。

表 2.4　模拟工况

case1	case2	case3
建筑外墙表面全部为混凝土	建筑外墙表面全部绿化	仅屋面绿化

表 2.5　建筑表面参数

	日射反射率	长波辐射吸收率	蒸发效率
case1	0.20	0.90	0.00
case2	0.20	0.90	0.30
case3	0.10	0.95	0.00

3. 气象条件

非稳态辐射与传导模拟以东京 7 月 22 日 0 时至 7 月 23 日 24 时之间的 48 小时为计算时间，并将 7 月 23 日 0 时至 24 时作为研究对象。太阳的位置通过计算获得（假设均为晴天）。图 2.33 表示模拟的背景气温与相对湿度。气温的数值根据 1991—1995 年 7 月东京 AMEDAS 数据中仅为晴天[注1]的空气温度，进行逐时取平均值计算获取。此外，大气中的水蒸气分压设定为 2.8 kPa 定值，相对湿度值随气温的变化而变化（图 2.33）。CFD 模拟根据 7 月 23 日 15 时的气象条件设定，空气温度为 31.6 ℃，相对湿度为 61%，风向为南风，风速为 3.0 m/s，高度为 74.6 m。

4. 模拟方法

首先，进行基于蒙特卡罗法的太阳辐射模拟。其次，将通过太阳辐射模拟获得的建筑外墙表面与地面的表面温度分布作为边界条件进行 CFD 模拟，获得街区内的风向、风速、温度、MRT，以及相对湿度的空间分布。最后，

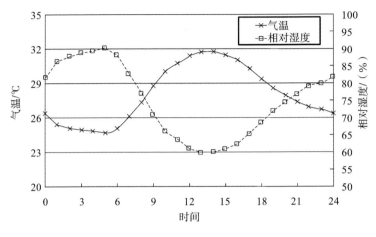

图 2.33　气温与相对湿度

注1:气象数据中晴天的判定方法是对 9 至 15 时之间逐时进行日照百分率的计算,日照百分率在 0.8 以上(即每小时的日照时间在 48 分钟以上)时设定为晴天。

利用上述数据,计算作为热环境评价指标的 SET* (新标准有效温度),对街区室外的热舒适性进行评价。

5.湍流模型

与通常采用的标准 k-ε 模型相比,本研究采用了进行以下两点改进的湍流模型:

①引入 Launder 提出的 WET 模型进行湍流热通量评价;

②为了抑制建筑迎风侧湍流能量的过大化评价,采用了 Kato-Launder 模型。

二、模拟结果

1.建筑外墙表面温度

各朝向建筑外墙表面温度的平均值如图 2.34 所示。与 case1(基本案例)相比,建筑外墙表面全部绿化的 case2 的屋面的表面温度降低约 14 ℃,侧墙的表面温度降低 7.5～14.3 ℃。仅进行屋顶绿化的 case3 与 case1 相比,屋面的表面温度降低了 14 ℃左右,而且侧墙的表面温度在 2 个工况中基本相同。

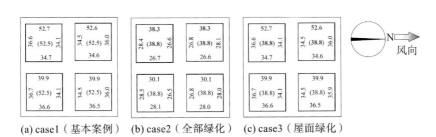

(a) case1（基本案例）　(b) case2（全部绿化）　(c) case3（屋面绿化）

图 2.34　建筑外墙表面温度(括号内为屋面表面温度的平均值)(7 月 23 日 15 时)(单位:℃)

2.风速分布

图 2.35 为高度 1.5 m 处风速矢量的水平分布。从流场整体的趋势来看,各工况均没有出现大的差异。但从风速的平均值来看,case2 比 case1 降低 0.05 m/s,case3 反而比 case1 增加 0.04 m/s。图 2.36 表示四个代表点(A～D,参见图 2.35(a))处的风速在主流方向分量的垂直分布。与 case1 相比,case2 在建筑屋顶上方风速较明显增大。尽管 case3 的风速值与 case1 大致相同,但在建筑群间隙中的 C 点和 D 点的地表面附近,风速的绝对值增大,表明建筑间隙内部空间中的循环流增强。其原因在于屋面绿化使屋面附近的气温降低,地表和屋顶之间的气温差变大,从而增强了地表和屋顶之间的循环流。

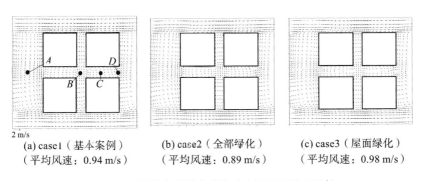

2 m/s

(a) case1（基本案例）　(b) case2（全部绿化）　(c) case3（屋面绿化）
（平均风速：0.94 m/s）　（平均风速：0.89 m/s）　（平均风速：0.98 m/s）

图 2.35　风速矢量的水平分布(7 月 23 日 15 时)

3.气温分布

图 2.37 表示气温的水平分布。一方面,整体而言,与 case1 相比,case2 在街区空间内的气温降低了 1～4 ℃,表明绿化导致的建筑外墙表面温度降

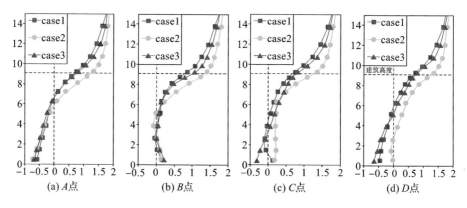

| (a) A点 | (b) B点 | (c) C点 | (d) D点 |

图 2.36　风速主流方向分量的垂直分布

低,对于气温的分布具有较大影响。另一方面,case3 中的气温分布与 case1
大致相近,但在建筑群的间隙中发现气温升高了 1～2 ℃。其原因在于前述
的循环流增强,使得地表附近进入建筑群间隙的气流增加(图2.38),导致街
道处日照区域受到加热的空气流入间隙,从而使建筑群间隙处的气温升高。

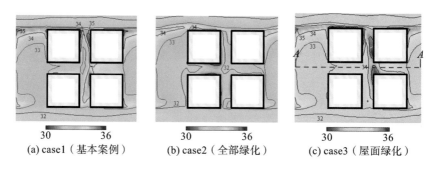

| (a) case1(基本案例) | (b) case2(全部绿化) | (c) case3(屋面绿化) |

图 2.37　气温的水平分布(7 月 23 日 15 时)(单位:℃)

4. 相对湿度分布

图 2.39 表示 1.5 m 高处相对湿度的水平分布。与 case1 相比,case2 在
整个街区空间内相对湿度上升了 2%～10%。case3 与 case1 之间没有大的
差异,但在建筑群的间隙处,随着气温的上升,相对湿度也有所下降。

5. MRT 分布

图 2.40 表示 1.5 m 高处 MRT 的水平分布。与 case1 相比,由于建筑外
墙表面温度的降低,case2 的 MRT 数值在街区空间内整体降低了 5～10 ℃,

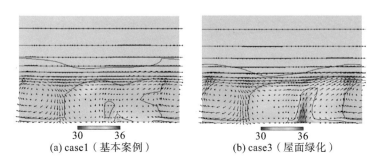

(a) case1（基本案例）　　　　　　(b) case3（屋面绿化）

图 2.38　风速矢量与气温的垂直分布（A—A 剖面）（7 月 23 日 15 时）（单位：℃）

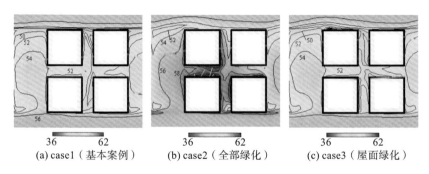

(a) case1（基本案例）　　(b) case2（全部绿化）　　(c) case3（屋面绿化）

图 2.39　相对湿度的水平分布（7 月 23 日 15 时）（单位：%）

局部最多降低了 15 ℃。由于 case3 在除屋面以外的建筑外墙表面及地面的表面温度分布上几乎没有差异，因此，case1 和 case3 在高度 1.5 m 处的 MRT 也基本相同。

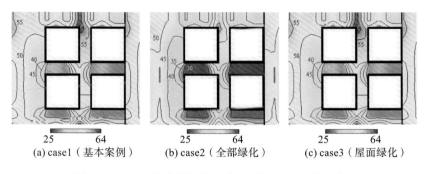

(a) case1（基本案例）　　(b) case2（全部绿化）　　(c) case3（屋面绿化）

图 2.40　MRT 的水平分布（7 月 23 日 15 时）（单位：℃）

6. SET* 分布

图 2.41 表示高度 1.5 m 处 SET* 的水平分布,图 2.42 表明了由于建筑外墙绿化所导致的 SET* 的变化。图 2.42(a)表示建筑外墙全部绿化时形成的影响(case2-case1),图 2.42(b)表示屋面绿化时形成的影响(case3-case1)。此外,图中灰色区域展示的是 SET* 伴随外墙与屋面进行绿化而降低,夏季室外微气候得到改善的区域。在 case2、case3 中,虽然建筑群附近的局部区域 SET* 出现上升,但是绝大部分区域的 SET* 出现下降,表明夏季室外环境得到了改善。但是,在 case2 和 case3 两个工况中,导致 SET* 下降的形成机理却各不相同,case2 的原因在于气温和建筑外墙表面温度下降,而 case3 的原因在于风速增加。

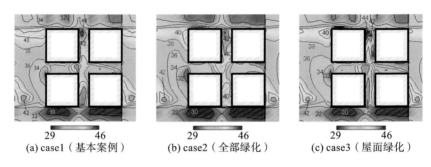

(a) case1(基本案例)   (b) case2(全部绿化)   (c) case3(屋面绿化)

图 2.41 SET* 的水平分布(7 月 23 日 15 时)(单位:℃)

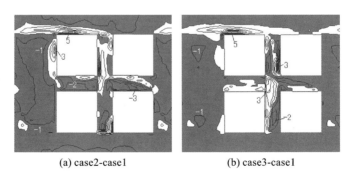

(a) case2-case1   (b) case3-case1

图 2.42 建筑外墙绿化导致的 SET* 的变化

(图中灰色区域是 SET* 伴随外墙与屋面进行绿化而降低,夏季室外微气候

得到改善的区域)

第五节　本章总结

①在本章中,以街区和建筑物周围的室外热环境为对象,对对流、辐射、水蒸气输送耦合模拟的室外微气候评价方法进行了说明。这个评价方法包括基于蒙特卡罗方法的太阳辐射模拟、考虑了因时间变化导致蓄热波动的传热模拟、基于改进型 k-ε 湍流模型的 CFD 模拟。通过室外微气候评价方法可以获得室外热舒适评价指标 SET* 的空间分布,从而对街区室外微气候进行评价。

②作为模拟计算案例,以深圳市某住宅区为对象,对住宅区室外微气候进行模拟分析,并通过该住宅区的实测数据对模拟精度进行了验证。另外,利用该模拟方法对建筑外墙表面绿化对街区室外微气候的影响进行了研究,验证了建筑外表皮绿化对于街区室外微气候的改善效果。

本章参考文献

[1]　CHEN H, OOKA R, HARAYAMA K, et al. Study on outdoor thermal environment of apartment block in Shenzhen, China with coupled simulation of convection, radiation and conduction [J]. Energy and Buildings, 2004, 36:1247-1258.

[2]　GAGGE A P, STOLWIJK J A J, NISHI Y. An effective temperature scale based on a simple model of human physiological regulatory response[J]. ASHRAE Transactions, 1971, 77:247-262.

[3]　GAGGE A P, STOLWIJK J A J, NISHI Y. A standard predictive index of human respons to the thermal environment[J]. AHSRAE Transactions, 1986, 92(1):709-731.

[4]　LAUNDER B E, KATO M. Modelling flow-induced oscillations in turbulent flow around a square cylinder [J]. ASME Fluid Engineering Conference, 1993, 157:189-200.

[5] KATO M，LAUNDER B E. The modeling of the turbulent flow around stationary and vibrating square cylinders[J]. Proceeding of 9th Symposium on Turbulent Shear Flows，Kyoto 10-4，Japan，1-6，1993.

第三章 基于遗传算法与对流辐射耦合模拟的室外微气候最优化设计方法

第一节 概　　述

　　近年来针对城市气候存在加速恶化的趋势,在城市建设领域,如何通过有效的环境设计与建筑设计的策略来调节城市微气候、缓解环境恶化的问题,从而达到提高建筑环境品质、降低建筑能耗的目标,已成为刻不容缓的任务与课题。

　　夏热冬冷地区街区微气候调节的设计策略成为一个复杂的优化问题主要基于以下四点原因。①目前的研究表明建筑的空间组合、绿化布置等环境构成要素的组合方式对于建筑热环境具有重要影响。通过对环境构成要素的优化组合来改善街区及建筑微气候是一种十分有效的手段。②目前对于微气候的数值解析已经被广泛应用于设计过程,为设计方案提供有力的技术支持。但是这些数值解析方法主要被作为模拟工具对设计方案进行评价。在实际设计过程中,众多设计要素的组合方式数量庞大,仅凭借经验选择设计要素的优化组合难以找到最优解。③夏热冬冷地区气候变化极端,具有两种相反的气候特征,设计时需要同时兼顾两种不同的气候条件。需要通过建立街区室外微气候优化设计方法,进行以改善街区微气候条件为目标的优化设计,尤其是进行多目标优化与多目标决策来寻找适当的平衡点,进行更有效率的街区环境设计。④建筑热环境设计不仅仅是建筑热工学领域的课题,还涉及建筑设计、城市设计等多个相关领域。

　　优化设计的相关研究已经广泛运用于众多学科的研究与应用之中,产生了巨大的经济与社会效益。对于夏热冬冷地区热环境设计策略这样的复

杂多目标优化问题,采用多目标优化的方法进行优化设计是非常必要的。目前针对城市与建筑微气候的优化设计研究还是空白,亟待开展相关的研究工作。在这样的背景下,本书拟将遗传算法与对流辐射耦合微气候数值模拟手法相结合,建立街区/建筑微气候的优化设计方法,并在此基础上探索夏热冬冷地区的城市与建筑微气候设计策略。

第二节　街区室外微气候优化设计方法

一、街区室外微气候优化设计方法的构成

图 3.1 展示的是本研究提出的基于遗传算法(genetic algorithm,GA)[1]与对流辐射耦合模拟的室外微气候优化设计方法的构成。本优化设计方法[2]由以下三个部分组成:

①设计者定义优化设计问题;

②通过对流辐射耦合模拟进行室外微气候计算;

③通过 GA 进行室外微气候评价及寻优过程控制。

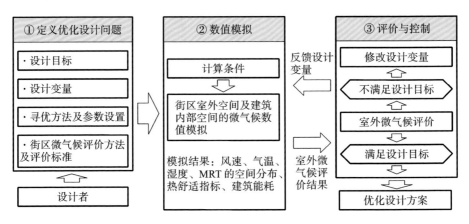

图 3.1　室外微气候优化设计方法的构成(来源:自绘)

以下对这三个部分分别进行说明。

①定义优化设计问题。

在优化问题的定义过程中,设计者首先需要设定室外微气候优化设计的目标函数(例如,人的热舒适性(SET*)等),以及最优化评价基准值(例如目标函数的最大化或最小化)。其次,需要选择可用来实现设计目标的设计变量(例如,树的形状和位置、建筑的体型和布局等)。再次,还需要确定室外微气候评价方法及评价指标。最后,设计者还需要选择寻优算法(例如GA 等)及相关的参数。

②数值模拟。

此部分采用第二章所描述的对流辐射耦合模拟进行室外微气候数值模拟,获得模拟计算对象的风速、温度、湿度、MRT 等数值的空间分布。在此基础上,计算出在第 1 部分设定的室外微气候评价指标(例如,SET* 等),然后将该评价指标传递给第 3 部分。

在这个过程中,计算模型的设计变量通过 2 个途径获得:初始第 1 部分中的设计变量由寻优算法随机生成;由下述第 3 部分通过寻优算法在对当前计算案例进行评价的基础上根据算法自动生成,并反馈到第 2 部分。

③评估与控制。

在此部分,对于从第 2 部分传递过来的候选解的评价指标,根据在第 1 部分中优化设计目标来评估候选解的评价指标是否满足设计目标。当评价指标不满足设计目标时,修改设计变量的组合,并将其反馈到第 2 部分,以便进行下一阶段模拟。当评价指标满足设计目标时,终止向第 2 部分的反馈,此时设计变量组合为最终的最优解。

此室外微气候优化设计方法首先在第 1 部分由设计者对设计变量和优化设计目标进行设定,然后通过寻优算法的自动反馈功能,实现第 2 部分与第 3 部分的自动循环,从而通过寻优搜索,使寻优算法实现自主寻找达到最优设计目标的设计变量的最优组合过程,即所谓的优化设计。同时,在第 3 部分中,将通过 GA 对每个候选解进行评价并控制寻优过程。

本章的后半部分将简要介绍 GA 的基本概念。

二、二阶段型优化设计方法

众所周知,详细的对流辐射耦合模拟的计算负荷高、时间成本大。一般来说,通过寻优算法进行复杂优化问题的搜索,需要进行大量的候选解的模拟分析。这种情况下,即使采用目前效率非常高的遗传算法,在寻优过程中,通常也有数百甚至数千个候选解。因此,在寻优过程中,如果对全部候选解进行详细对流辐射耦合模拟分析,计算负荷会变得非常庞大,不具备实际的可操作性。

为了降低寻优过程中的计算负荷,可以采用二阶段型优化设计方法:第一阶段搜索与第二阶段搜索。第一阶段搜索是通过比较粗略的计算来寻找目标函数值的排在前列的候选解(个体),第二阶段搜索是通过对这些排在目标函数值前列的个体群进行详细模拟,从而发现真正的最优案例。

图 3.2 为二阶段型优化设计方法的流程图。

①第一阶段搜索。

在这一阶段,通过 GA 对设计变量的组合进行搜索。这个过程中,对流辐射耦合模拟采用相对粗略的方法进行计算。辐射模拟设定为稳态分析,CFD 模拟通过粗网格进行计算。在所有候选解中,目标函数值超过设计者预设的参考值的候选解(例如,目标函数值位于前列的案例等)被定义为第二阶段搜索的候选解。

②第二阶段搜索。

在这一阶段,对上述被选出第二阶段候选解进行详细的辐射、对流、湿气输运耦合模拟。计算每个候选解的气温、风速、相对湿度和 MRT 的空间分布,从而获得每个候选解的精确的设计目标评价值。在这个过程中,辐射与传导模拟是非稳态模拟,CFD 模拟采用精细网格的湍流模拟。

③第二阶段搜索的候选解中,具有最优秀的设计目标评价值的候选解即为最优案例,该案例的设计变量组合为最优设计。

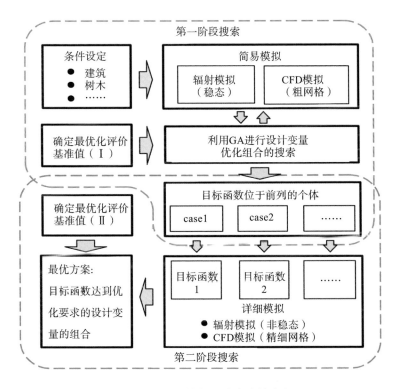

图 3.2　二阶段型优化设计方法的流程图

第三节　基于遗传算法的最优化设计

一、最优化问题

1. 最优化

优化是我们在日常生活中经常遇到的问题。例如,当你想要最快速到达目的地,或者想要最便宜到达目的地时,往往需要在某种限制条件下达到这样的目的。从工学的角度出发,也可以将最优化理解为:"在满足某些限制条件的基础上,制定与选择最为恰当并且可行的方案。"

2.最优化问题的定义

在某些限制条件下,通过选择一组参数(设计变量),使设计目标达到最优值(最小化或最大化)的问题被称为最优化问题(optimization problem)。在定义最优化问题时,通常将作为设计目标的最优化评价指标通过数学函数表示出来,这种函数被称为目标函数(objective function)。将达到最优化过程中必须满足的要求(限制性要求)通过数学函数表达的函数称为约束条件(constraint),将为了达到设计目标而进行选择的一组参数称为设计变量(design variable)。

这时,可以将最优化定义为:在给定的约束条件 $g(x)$ 下,寻找使某一特定目标函数 $f(x)$ 达到最小化(或最大化)的设计变量。

最优化问题也可以通过以下公式来表示:

$$\text{minimize} \quad f(x) \quad (x \in R) \tag{3.1}$$

$$\text{subject to} \quad g_i(x) = 0 \quad (i = 1, 2, 3, \cdots, n) \tag{3.2}$$

$$\text{where} \quad x = (x_1, x_2, \cdots, x_n) \tag{3.3}$$

其中,$f(x)$ 的值称为最优解(optimal solution),$g_i(x)$ 称为约束条件,x 称为设计变量。

3.基于遗传算法的最优化

在最优化过程中有多种优化算法可供使用,例如线性规划、退火算法(SA)等。本研究采用了近年来备受关注的最优化方法之一的遗传算法。遗传算法是借鉴了生物计划过程中的一些现象而发展起来的。对于某些通过传统优化方法难以解决的最优化问题而言,遗传算法作为一种能够快速搜索最优解的有效方法而受到广泛关注。

另外,对于本书中探讨的多目标最优化问题(multi-objective optimization problem),多目标遗传算法(multi-objective genetic algorithm)作为求解 Pareto 解(Pareto solution)的非常有效的方法,近年来在很多领域受到关注,取得了大量的研究成果。关于多目标最优化问题及多目标遗传算法将在本书的第四章中进行简要说明。

二、遗传算法概述

为了让大家便于理解遗传算法的基本思路,本节将对遗传算法的基本原理以及最基本的遗传算法——简单 GA 进行简要说明。

1. 遗传算法的基本概念

遗传算法是以生物进化（遗传、选择淘汰、突变、杂交等）原理为灵感而开发的一种算法，可以认为是概率搜索＋学习＋优化的一种算法。

在自然界生物的进化过程中，对环境适应程度高的个体得以生存和增殖。与此相反，适应程度低的个体会被淘汰，从种群中消失。另外，通过个体之间的交叉，诞生继承其特征（遗传）的下一代个体；通过基因突变，诞生具有不同于父系特征的下一代个体，其特征是仅通过交叉过程所不可能具有的，因此，突变也是进化过程中非常重要的因素。

在 GA 中，通过设置在计算机内具有遗传基因的虚拟生物群，执行世代交替模拟。这个过程中适应特定环境的"个体（individual）"具有较高的繁殖概率，在世代交替过程中，个体的基因和生物群则被"进化"。伴随着生物群整体的进化，我们可以期待针对特定环境的优秀个体（最优解）的出现。

如图 3.3 所示，将某个街区模型视为一个"个体"，用"染色体"来描述个体的基本信息（例如建筑的布局、地表的材料等信息）。"个体集合"是由某一"世代"（generation）中的若干个体构成的个体群，"适合度"（fitness）表示对由设计者设定环境（例如，由风、气温、太阳辐射等因素构成的室外温热环境）的适应程度（例如热舒适性等）。在"个体集合"中，"适合度"越高的个体生存概率越高，这种自然选择的概念被称为"选择"（selection）与"繁殖"（reproduction）。此外，根据生物的繁殖和遗传规律，父母个体之间的"交叉"（crossover）产生新的子个体，同时子个体的性状一定会符合其父母的性状，即"遗传"。但通过"突变"（mutation）将会产生仅通过交叉无法出现的具有不同性状的子个体，这种现象有助于保持下一代种群的多样性。

2. 遗传算法的特征

GA 与进化策略（evolutionary strategy，ES）、进化计算（evolutionary computation，EC）、进化编程（evolutionary programming，EP）一样，都是模仿生物进化机制解决最优问题的最优化算法。这些算法被统称为进化算法（evolutionary algorithm，EA）。与搜索最优解的数理方法（爬山法，hill-climbing method 等）相比，遗传算法与模拟退火（simulated annealing，SA）

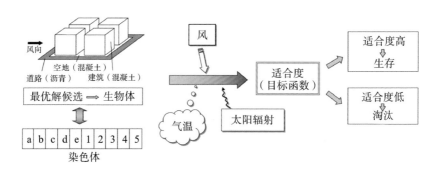

图 3.3 遗传算法的基本思路

算法一起被称为经验性(启发式)算法。

Goldberg 列举了 GA 与其他最优化算法的三点差异[3]。

①最优化操作不是针对设计变量本身,而是对基因编码实施。

在 GA 中,设计变量通过二进制排列的字符串(将其称为"基因")来表现。对基因的操作都是通过对字符串的编码来修改基因排列来实现的,也就是说,最优化操作只要通过基因编码就可以实现。

②多点搜索。

在 GA 中,每一个世代都是针对被称为"种群"的个体集合同时进行评价(多点搜索)。通过改变一个个体来寻找最优解的爬山法容易陷入局部最优解,而与此相比,采用多点搜索的 GA、SA 等由于能够对解空间进行全局搜索,陷入局部最优解的概率较低,找出全局最优解的可能性变高。这也是GA 被称为鲁棒性高的最优化算法的原因。

③不使用导数等附加信息,只使用设计变量和评价值进行优化。

一方面,在爬山算法中,搜索优化解过程中,往往通过使用导数等获得梯度,并在具有最大梯度的方向上移动。这种情况下,为了求出斜率,表示解空间的方程式必须是连续等制约,对于某些最优化问题就难以适用。另一方面,GA 所需的信息仅是设计变量和最优化评价指标,适用于能够计算出最优化评价指标的任何最优化问题。因此,这个特点与第一个特点结合使得 GA 被称为通用性高的最优化算法。

基于以上三点差异,GA 被认为是通用性高、鲁棒性强的最优化算法。

3.遗传算法的基本术语

(1)染色体、基因、等位基因和基因座

染色体(chromosome)的作用在于传递遗传信息。在生物体中,染色体是由碱基对(base)构成的物理实体,而在 GA 中表现为一组二进制的字符串。染色体决定了世代交替时父母以何种形式向下一代传递何种内容的数据。图 3.4 表示 GA 中染色体的概念。

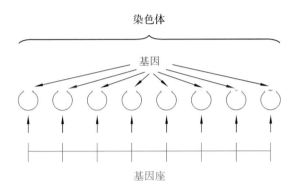

图 3.4　染色体的概念

染色体上的每个位置描述何种遗传信息是固定的,这样的位置被称为基因座(locus),这也可以被考虑为在字符串配列中的具体地址。对应每个基因座,用于决定个体性状的编码被称为基因(gene),能够排列在基因座相同位置的不同基因称为等位基因(allele)。

在 GA 中,染色体记载的遗传信息由基因型(genotype)与表现型(phenotype)两层结构组成(图 3.5)。染色体的内在编码配列,即基因的组合模式,被称为基因型,是 GA 最优化操作的对象。以基因型为基础外在表现出来的个体特征被称为表现型。

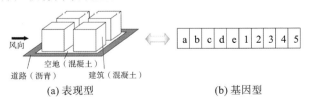

图 3.5　染色体的两层结构

49

（2）适合度

在 GA 中，当将解集合中的某点视为某一个体时，适合度（fitness）相当于该点（即该个体）的评价值。也就是说，从每个个体对最优化问题的适应程度来看，适合度是表示其优劣程度的尺度。在最小（大）化问题的情况下，具有较小（大）评价值的解对应于更适合最优化目标的个体。适合度高的个体被认为是适应环境的优秀个体，使其生存及繁殖后代的概率高于其他适合度较低的个体。相反，适合度低的个体被视为不能很好地适应环境，需要被淘汰。这样的操作反映了达尔文（C. Darwin）进化论中的自然选择（natural selection）原理。

（3）世代

在 GA 中，遗传操作重复交替的每一次过程称为一个世代（generation）。

（4）个体和种群

在 GA 中，将最优化问题的解集合中的候选解称为个体（individual），将某一世代中的个体集合称为种群（population）。

（5）初始种群

初始种群是进行最优搜索的初期个体集合。在 GA 中，为了对解集合进行搜索，需要预先生成一定数量的初始个体集合。在 GA，特别是简单 GA 中，最终获得的最优解的质量取决于初始种群的构成。当搜索开始时，由于解空间处于黑匣子状态，GA 必须确保初始个体集合的多样性。如果初始种群过于集中于解空间中的某一部分，最优解的搜索就有可能过早收敛，从而获得局部最优解，而不是全局最优解。因此，初始种群通常是随机生成，并且通过一些较好的采样算法，在解空间中尽可能较为均匀地分布。

4.遗传算法的基本操作流程

本节以遗传算法中的最基本算法，即简单 GA（simple genetic algorithm，SGA）为例简要说明 GA 的一般操作流程。简单 GA 反映了 GA 的基本思想和操作，对于理解 GA 的基本操作十分重要。

在简单 GA 中，一般采用以下三种遗传操作（genetic operation）：

①选择（selection）；

②交叉（crossover）；

③突变(mutation)。

这三种遗传操作的具体方法将在后面说明。

简单 GA 的操作流程如图 3.6 所示。

①生成初始种群。

首先,进行初始种群的生成。在最优搜索开始时,基于设计者设定的种群规模随机生成相应数量的个体。

②计算适合度。

对于作为第一世代的初始种群中的每个个体,采用设定的适合度计算方法算出全部个体的适合度。

③选择。

当计算出全部个体的适合度后,执行种群的选择(淘汰)。在这个过程中,适应度越高的个体,被选为下一代个体的父母的概率越大。在这样的机制下,优良的个体基因将在种群中被遗传及普及。

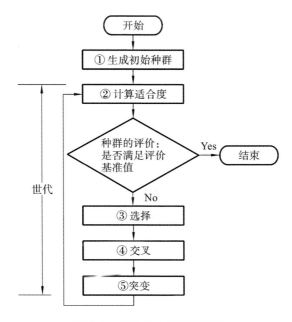

图 3.6　简单 GA 的操作流程

④交叉。

在上一步的基础上,对被选择出来的一对个体进行染色体交叉的操作。交叉是根据设定的交叉率与交叉方法,对两个个体的染色体在随机位置进行部分替换,生成新的下一代个体。

⑤突变。

通过设定的突变率与突变方法对新生成的下一代个体进行突变操作,最后产生下一代的种群。

此外,从第二世代开始,在步骤②中对种群内的每个个体计算适合度时,将进行是否满足结束 GA 条件的判断。结束条件依赖于设计者设定的最优评价基准值,典型的结束条件如下:

a.种群中的最大适合度达到或超过了设定的最优评价基准值;

b.种群整体的平均适合度达到或超过了设定的最优评价基准值;

c.世代交替的次数达到预先设定的世代数。

当满足 a、b 结束条件时,完成最优化搜索,并将当前个体作为最优解。当不满足结束条件时,如图 3.6 所示,重复执行步骤②～⑤,进行自主最优化搜索。当最优化搜索的次数达到 c 的结束条件时,结束搜索,这时所有世代的各种群中都具有最高适合度的个体作为最优解。

以上就是简单 GA 的操作流程。

三、染色体编码与遗传操作

本段内容简要说明染色体编码与选择、交叉、突变三种遗传操作。

1.染色体编码

染色体编码(coding)是指从染色体的表现型转变为基因型。

在 GA 中,构成种群的 N 个个体是由 n 个字符 $s_{ij}(j=1,2,\cdots,n;i=1,2,\cdots,N)$ 组成的字符串(string)来表达(式(3.4)):

$$s_i = s_{i1}, \ s_{i2}, \ \cdots, \ s_{ij}, \ \cdots, s_{in} \quad i=1,2,\cdots,N \tag{3.4}$$

式中:n 为染色体 s_i 的第 j 基因座中的基因。s_{ij} 的可取值是等位基因,通过实数、整数等方法进行记述。在 Holland 的研究中,将染色体定义为由 0 与 1 组成的二进制的字符串(图 3.7):

$$s_i = s_{i1}, s_{i2}, \cdots, s_{ij}, \cdots, s_{in} \quad s_{ij} \in \{0,1\}, i = 1, 2, \cdots, N, j = 1, 2, \cdots, n$$

$$(3.5)$$

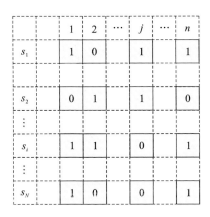

图 3.7 染色体编码

在对染色体进行编码时,应满足以下 4 点要求。

(1)完备性(completeness)

解空间中的解候补全部可通过染色体来表现。

(2)可靠性(soundness)

GA 操作生成的染色体与解空间的解候补完全对应。

(3)非冗余性(non-redundancy)

染色体和解候补一一对应。

(4)性状遗传性(character preservingness)

父代的性状通过交叉遗传给子代。

2. 选择

选择操作具有多种方法,其中一种代表性的选择操作是 Holland 提出的轮盘赌方法(roulette selection)。轮盘赌方法的基本思路在于通过计算种群中所有个体的适合度及其总和,然后以每个个体的合适度与适合度之和的比值作为选择概率来选择个体。也就是说,在轮盘选择过程中,获得每个个体 S_i 的拟合度 $f(S_i) \geqslant 0(i = 1, \cdots, N)$ 及其总和,根据式(3.6)计算出每个个体的选择概率 P_i,并根据 P_i 进行选择。

$$P_i = \frac{f(S_i)}{\sum_{j=1}^{N} f(S_j)} \tag{3.6}$$

除了轮盘赌方法以外，还有其他的选择操作方法。以下对在本研究中所使用的锦标赛选择策略和精英保存选择策略进行简单说明。

（1）锦标赛选择策略（tournament selection）

锦标赛选择是从种群中随机选出与预设参数（tournament rate，锦标赛率）数量相等的个体，选择其中适合度最高的个体，重复这样的过程，直到选出下一代种群数量的个体为止。其中，随着锦标赛率设定值的增大，适合度低的个体被淘汰的概率也会变大。此外，在这个方法中，个体被选择的概率只与个体在母集团内排位有关，而与个体的具体适合度值无关。

（2）精英保存选择策略（elitist preserving selection）

精英保存选择策略是将种群中一些适合度较高的个体，原封不动地留给下一代的方法。通过精英保存选择策略可防止具有高适合度的个体在偶然未被选择的情况下死亡。同时，这种方法还有另外一个优点，即最好的解不会被交叉和突变所破坏。但是，由于精英个体的遗传基因在种群有可能被迅速扩散，因此，也有使最优搜索陷入局部最优解（local minima）的危险。一般情况下，该策略应与其他选择策略结合使用。

3. 交叉

交叉是将被选择出来的个体，放入交配池（mating pool）进行随机配对，根据设定的交叉率（crossover rate），将个体染色体的一部分替换为另一个体染色体的一部分的操作。这个操作是 GA 中具有本质作用的遗传操作。

交叉的方法有一点交叉（one-point crossover）、多点交叉（multi-point crossover）、均匀交叉（uniform crossover）等方法。其中，一点交叉是最简单的交叉方法，也被称为简单交叉（simple crossover）。

在此，简要说明一点交叉（图 3.8）。在进行一点交叉操作时，首先，在交配池中随机选择两个个体作为父母。其次，在所选个体的染色体上产生称为交叉点的点。再次，如图 3.8 所示，以交叉点为界交换两者的染色体编码，从而生成新的染色体（新的个体）。当优秀个体相互交叉时，每个个体所具有的优秀基因（构成最优解的部分特征）相互结合，将具有产生更优秀个体的可期待性。

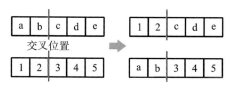

图 3.8　一点交叉

4. 突变

如果仅通过选择和交叉进行 GA 操作,则这意味着只通过存在于初始种群之内基因组合进行搜索。这种情况下,当构成最优解的染色体中的部分基因不存在于初始种群时,或者在通过选择、交叉等操作过程导致某些遗传基因消失的情况下,GA 将收敛于局部最优解,无法获得全局最优解。为了避免这种情况的出现,突变操作具有重要作用。

突变预先设定的概率(即突变率,mutation rate)将个体的染色体中的某一基因座的基因替换为其他的等位基因(allele),从而生成仅靠交叉无法产生的子个体,起到维持种群多样性的作用(图 3.9)。

图 3.9　突变

以上简要介绍了染色体编码和遗传操作。随着 GA 作为一种有效的优化方法受到各个领域的关注,目前,遗传算法已经从最初的简单 GA 发展到了一些高级遗传算法。下文将对近年来常出现的分布式遗传算法(distributed genetic algorithm,DGA)进行简单说明。

四、分布式遗传算法

在基于遗传算法的最优化搜索过程中,由于需要大量的反复计算,因此计算成本较高。为了解决这个问题,作为高级遗传算法的分布式遗传算法受到广泛应用。本节将简单介绍本研究使用的多岛遗传算法(multi-island GA)。

1. 多岛遗传算法概述

如图 3.10 所示,将母集团分割成多个子集合(sub-population),即"岛",在并行计算时,可将不同的岛分配给多个处理器。可通过迁移(migration)操作,进行各岛之间的信息交换。与单种群遗传算法(single population genetic algorithm,SPGA)相比,多岛遗传算法可以实现最优解的高品质化[4]。

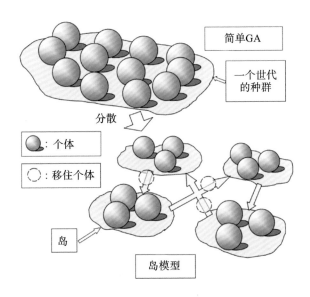

图 3.10　多岛遗传算法的概念

2. 迁移的作用

迁移是指每隔若干世代将每个岛内被选出来的一个或多个个体(迁移个体,migrant)与另一个岛进行一次等量交换。各岛内迁移个体的比例称为迁移率(migration rate),间隔的世代数称为迁移间隔(migration interval)。

在群体遗传学理论中,有一个地理物种形成学说。其主要观点是,如果原本同一物种由于地壳变动等原因在地理上持续处于被隔离的状态,地理隔离将导致生殖隔离,不同物种之间不能交配,并根据具体的地理环境不同,逐渐向不同方向进化,形成并保持物种的多样性。多岛遗传算法与此类似,因为繁殖仅在同一岛中进行,各岛内个体差异很大,维持了整体的多样性。尽管每个岛上的个体数较少,在岛内容易发生早熟收敛,但通过迁移操作引进其他岛生长的个体基因后,仍可以维持岛内的物种多样性。

3.多岛遗传算法相关的参数

①种群规模(population size):每个世代个体的数量。种群规模的设定范围通常是20~200。如果该值设定得太大,整体的计算量就会变得非常庞大。

②岛的数量(number of island):在多岛模型中,将一个种群分割为若干个子种群。被分割的子种群数量即为岛的数量。

③岛的规模(island size):每个岛上的个体数量。

④迁移率(migration rate):各岛内迁移个体的比率。

⑤迁移间隔(migration interval):两次迁移操作之间的间隔(世代数)。

⑥交叉率(crossover rate):通常取值范围为 0.6~1.0。

⑦突变率(mutation rate):通常取值范围为 0.005~0.01。

第四节　本 章 总 结

①开发了基于遗传算法(GA)与对流辐射耦合模拟的室外微气候最优化设计方法。同时,为了降低最优化搜索过程中的计算负荷,提出了二阶段型优化设计方法。

②简要说明了遗传算法(GA)的概念、遗传操作及基本流程。

③对作为高级遗传算法之一的分布式遗传算法(distributed genetic algorithm,DGA),以及其中的多岛遗传算法(multi-island genetic algorithm)进行了概述。

本章参考文献

[1]　北野宏明.遗伝的アルゴリズム1[M].东京:产业图书株式会社,1993.

[2]　CHEN H,OOKA R,KATO S. Study on optimum design method for pleasant outdoor thermal environment using genetic algorithms(GA) and coupled simulation of convection,radiation and conduction[J].

Building and Environment,2008,43:18-30.

[3] GOLDBERG D E. Genetic algorithms in search,optimization and machine learning[M]. London:Addison-Wesley,1989.

[4] REIKO,TANESE. Distributed genetic algorithms[J]. Proceeding of 3rd International Conference on Genetic Algorithms,1989:434-439.

第四章　多目标最优化与决策

第一节　概　　述

　　最优化是在设定的约束条件下,搜寻可使特定的优化目标达到最大化(或最小化)的最优解。一般情况下,最优化是针对某一个特定目标进行的单目标优化。然而,在实际工作中,很多情况下必须同时考虑多个目标。例如,在通过植树缓解夏季室外微气候的优化问题中,进行树木的布局及树种的选择时,不能仅考虑室外微气候的热舒适性,还需要考虑街道景观、经济性等因素。当在人行道上多种植一些行道树时,夏季室外热舒适性将会得到改善,但是从空间的开敞性角度来看,随着人行道的天空率降低,街道空间的开敞感也降低,此外,从经济性来看,树木的成本也会水涨船高。

　　这种需要对多个优化目标同时进行最优化的问题被称为多目标最优化问题(multi-objective optimization problem)。在多目标最优化问题中,当多个优化目标之间存在权衡关系(trade-off)时,一般存在多个 Pareto 最优解(Pareto 解集合,Pareto solution)。通过分析 Pareto 解集合中设计变量与解集合整体趋势的相关性,为最终决策提供有效支持,从而使决策者可以根据对多个优化目标的价值判断(主观判断),从 Pareto 解集合中选择能使多个目标达到利益最大化的某个权衡解(也可以被称为妥协解、可接受解)。

第二节　多目标最优化与多目标最优解的概念

一、多目标最优化问题的定义

　　一般而言,多目标最优化问题可以表达为在 m 个约束条件下,对 k 个存

在相互竞争关系的目标函数进行最小化的问题。这时多目标最优化问题可以用以下公式表达：

minimize $\qquad \{f_1(x), f_2(x), \cdots, f_k(x)\}$ （4.1）

subject to $\qquad g_i(x) \leqslant 0 \quad (i = 1, 2, 3, \cdots, m)$ （4.2）

where $\qquad x = (x_1, x_2, \cdots, x_n)$ （4.3）

其中，$f(x)$ 的值称为最优解（optimal solution），$g_i(x)$ 称为约束条件，x 称为设计变量。在本章讨论的多目标最优化问题中，很多情况下多个目标函数之间存在权衡关系，最优解的定义较为复杂，需要对最优解的定义进行讨论。

二、多目标最优解的概念

首先，对解之间的关系进行以下定义。在此，假设以最小化问题作为对象进行讨论。

定义 1：占优关系

如果 x^1、$x^2 \in \mathbf{R}^n$：

①当 $f_i(x^1) \leqslant f_i(x^2)(i=1,\cdots,k)$ 时，x^1 优于 x^2。

②当 $f_i(x^1) < f_i(x^2)(i=1,\cdots,k)$ 时，x^1 强优于 x^2。

如果 x^1 优于 x^2，则 x^1 是比 x^2 占优的解。下面介绍基于占优关系的 Pareto 解的定义。

定义 2：绝对最优解（absolutely optimal solution）

如果 $x^0 \in \mathbf{R}^n$：

若对于所有的 $i=1,\cdots,k$ 和任意的 $x \in \mathbf{R}^n$，当存在 $f_i(x^0) \leqslant f_i(x^n)$ 时，x^0 被称为绝对最优解。

定义 3：Pareto 最优解（Pareto optimal solution）

如果 $x^0 \in \mathbf{R}^n$：

①对于所有的 $i=1,\cdots,k$ 和任意的 $x \in \mathbf{R}^n$，如果不存在 $f_i(x) \leqslant f_i(x^0)$，则 x^0 被称为"Pareto 最优解"。

②对于所有的 $i=1,\cdots,k$ 和任意的 $x \in \mathbf{R}^n$，如果不存在 $f_i(x) < f_i(x^0)$，则 x^0 被称为"弱 Pareto 最优解"。

图 4.1 和图 4.2 为绝对最优解和 Pareto 最优解的概念图。为了便于理解,图中以 2 个目标的多目标最优化问题为例进行说明。在图 4.1 和图 4.2 中,纵轴与横轴分别表示 2 个目标函数,根据纵轴与横轴所对应的目标函数值绘制解集合,可理解为将由设计变量构成的探索空间映射到解空间。根据优化目标的设定,目标函数值越小,评价越优。因此,在图 4.1 和图 4.2 中,目标函数越接近原点,则越接近最优化目标。

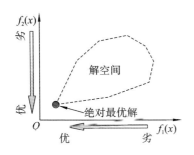

图 4.1　绝对最优解

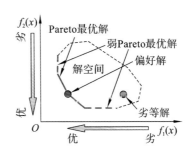

图 4.2　Pareto 最优解

如图 4.1 所示,如果存在使两个目标函数同时达到最优的解,则为绝对最优解。另一方面,在两个目标函数之间存在权衡关系时,解集合成为图 4.2 所示的状态。在这种情况下,不存在唯一的最优解,而是以 Pareto 最优解集合的形式展现。也就是说,Pareto 最优解表现为:如果想要改善一个目标函数,就不得不损害另一个目标函数的解。也可以理解为,不可能在不使任何其他目标受损的情况下改善某些目标。

因此,Pareto 最优解也被称为非劣解、可接受解或有效解。所有 Pareto 最优解的集合被称为 Pareto 最优解集合。

在进行多目标最优化时,由于存在上述的 Pareto 最优解集合,因此,决策者必须从这些解中选择一个解。根据定义,Pareto 最优解之间不存在严格的优劣关系。因此,决策者需要根据对不同优化目标的侧重或价值判断进行取舍,寻找各个目标之间的妥协点,从而选择最终的最优解(决策问题)。通过上述过程,从 Pareto 最优解集合中选出的一个解被称为偏好解(preferred solution)。

三、Pareto 最优解的求解方法

实际设计中的设计者必须从多个 Pareto 最优解集合中选择一个最优解。因此,建立最优化设计系统时,决策问题被认为是其中重要的课题之一。

多目标最优化方法具有两种主要途径:

①根据决策者的要求,将多目标最优化问题转变为单目标最优化问题,从而获得单一最优解;

②将 Pareto 最优解作为集合求出,由决策者从该解集合中选出偏好解。

前一种方法可以求得唯一的最优解,避免决策的烦恼。但是由于价值观难以完全量化,该方法存在不能充分反映决策者要求的缺点。后一种方法可以通过展示一个广泛的 Pareto 最优解集来帮助决策者做出选择,但缺点在于当得到的解集合的规模较大时,决策存在困难。

在本节中,将简要介绍标量化方法的两种代表性方法,以及近年来受到广泛关注的求解 Pareto 最优解集合的方法——多目标遗传算法(MOGA)。

1. 标量化方法

本节将简要说明标量化方法的两种代表性方法,即加权法与 ε-约束法。

(1)加权法(weighting method)

加权法是通过多目标最优化问题中的多个目标函数的权重系数,将多目标问题转化为单目标问题的方法。

当 $x \in \mathbf{R}^n$ 时:

$$\text{minimize} \qquad wf(x) = \sum_{i=1}^{k} w_i f_i(x) \qquad (4.4)$$

其中,$w = (w_1, w_2, \cdots, w_k)$ 是权重系数,$w > 0$。

在加权法中,由于是通过决策者的主观设定来定量地表达对各目标函数的重视程度,所以,加权法是一种通俗易懂、使用广泛的方法。

图 4.3 表示具有两个目标函数的最优化问题中加权法和解空间的关系。当解空间为凸集合时,图中分别由各目标的权重系数决定直线的倾斜度。偏好解位于倾斜直线和解集之间的切点。当各目标的权重系数值改变时,

将改变直线的倾斜度,选择出不同的偏好解。

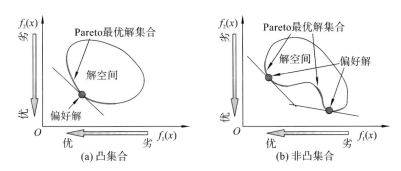

图 4.3　加权法与解空间

在使用加权法时,需要注意解集合的形式。如图 4.3(a)所示为凸集合,图 4.3(b)所示为非凸集合。如果将权重系数 w 作为可变参数进行反复求解,当解空间为凸集合时,有可能获得所有的 Pareto 最优解。但在非凸集合的情况下,有可能无法求解出所有的 Pareto 最优解。

目前有一些数学算法能够通过对专家或者决策者进行问卷调查,在对决策者或者设计者的需求进行分析的基础上,确定目标函数的权重系数,从而将多目标优化问题转化为单目标优化问题,然后利用单目标遗传算法获得能够满足决策者或设计者需求的最优解。这些方法中较有代表性的是层次分析法(analytic hierarchy process,简称 AHP 法),也被称为多方案决策方法。但是这种方法的缺点在于决策者对于 Pareto 最优解缺乏整体掌握,同时,当决策者对于多个优化目标之间权衡性的价值判断出现变化时,相关的目标函数的权重系数将出现变化,最优解的搜索需要重新进行。

(2)ε-约束法(ε-constraint method)

ε-约束法是对第 j 个目标函数以外的目标函数设定不大于 ε 的上限,并且转化为约束条件的方法。也就是说,只选择 $f_j(x)$ 作为目标函数,在其余的 $(k-1)$ 个目标函数中设定上限值 ε_i 作为约束条件,$i=1,2,\cdots,k,i\neq k$,然后,通过求解以下约束问题来获得 Pareto 最优解。

当 $x\in \mathbf{R}^n$ 时:

$$\text{minimize} \qquad\qquad\qquad f_j(x) \qquad\qquad\qquad (4.5)$$

$$\text{subject to} \qquad f_i(x)\leqslant \varepsilon_i \quad i=1,2,\cdots,k;i\neq k \qquad (4.6)$$

ε-约束法与解集合的关系如图 4.4 所示。采用与加权法相同的方式,通过改变顺序对 i 和 ε_k 反复求解,当解空间属于凸集合及非凸集合时,均可获得所有 Pareto 最优解。

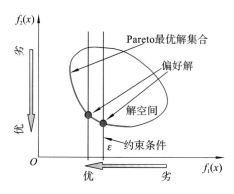

图 4.4　ε-约束法与解空间

2. 多目标遗传算法

如前所述,加权法与 ε-约束法是传统多目标最优化问题的求解算法。然而,这种标量化方法存在以下问题:①在开始最优搜索之前,需要设定各评价目标的优先度(权重系数);②当多个优化目标之间存在权衡关系时,不存在唯一的最优解,而形成最优解集合。但上述标量化方法在多个或相当大的 Pareto 最优解集合中,只能求出一个最优解(单目标最优化)。在多目标最优化过程中,从多个目标函数之间的权衡关系达到平衡时获得偏好解的角度来看,对于决策者来说,多数情况下信息是不充分的。

近年来,多目标遗传算法(multi-objective genetic algorithm,MOGA)[1][2] 由于具有"多点同时搜索"这一特征,可以直接求出 Pareto 最优解集合,因此受到广泛关注,其有效性也得到了验证[3][4][5][6]。

在将 GA 应用于多目标最优化问题的情况下,由于可以在同时拥有对各个目标函数取一定程度偏好值的个体时进行搜索,因此可以直接求出 Pareto 最优解集合。在这种情况下,维持多样性是一个重要的观点。也就是说,使个体在 Pareto 最优解集合上更大范围且不间断地分布是很重要的。

在多目标遗传算法中,在可能区域内产生多个个体,利用交叉、突变等遗传操作产生新的个体,通过选择操作,形成非劣解集合。通过反复迭代的世代交替,使非劣解集合不断接近 Pareto 最优解集合的方式来搜索 Pareto 最优解集合。通常,在 MOGA 的每个世代中由非劣解形成的面被称为 Pareto 前沿面(图 4.5)。

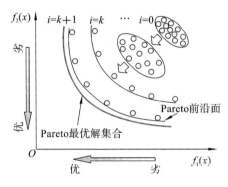

图 4.5 MOGA 与 Pareto 前沿面

第三节 决策问题

在本节中,我们尝试转换一个角度来考虑决策者(设计者)是通过怎样的决策过程来进行决策的。也就是说,引入"关于决策"的视角。

一、偏好排序方法的选择

首先需要考虑的是决策者与排序决策规则,即决策者在实际的决策场景中,是如何在多种排序决策方法中进行选择的。

可以考虑采取最能减少认知负荷的方法。也就是说,基于多目标最优化问题的复杂性,将复杂问题简单化,从而选择最容易做出决策的方法。例如,在目标函数数量较少的情况下,由于可以较容易明确目标函数之间的优劣关系,可以通过加权法简化问题,获取满足决策者要求的单目标最优解。如果目标函数数量较多,由于目标函数相互之间的复杂性,决策者难以确定目标函数的权重系数。在这种情况下,可通过 ε-约束法排除不需要的目标函数,从而有效地减少认知上的负荷。这种将复杂问题简化的方法确实有助于决策者进行决策,但是缺点也如前一节所述,决策者缺乏对 Pareto 最优解集合的整体状况的掌握。尤其是对于复杂的多目标最优化问题,在最优解信息缺失的情况下,简化方法对决策可能带来不利影响。

另一方面,对于权衡关系的分析也会有助于决策者在 Pareto 最优解集合中进行偏好解的选择。当多个目标函数之间存在权衡关系时,从 Pareto 最优解集合中搜索偏好解就意味着从目标函数空间中代表 Pareto 最优解的各点中找到与决策者的期望值相对应的点。权衡关系在数学上可以用"权衡率"(trade-off rate)进行定义。目标函数之间的权衡率是目标函数值之间的比率,即当某个目标函数在获得每个单位数量的改善时,其他的目标函数将有多少个单位值受到损害。权衡率由式(4.7)表述。

当在偏好解 $p=(p_1,p_2,\cdots,p_n)$ 的附近存在 Pareto 最优解的连续函数 $f=(x_1,x_2,\cdots,x_n)$ 时,某个目标 x_i 的权衡率 t_i 由下式表示:

$$t_i = \frac{\partial f(p_1,p_2,\cdots,p_n)}{\partial x_i} \quad i=1,2,\cdots,n \qquad (4.7)$$

为了便于理解,两个目标函数解集合与权衡率的关系如图 4.6 所示。如式(4.7)所示,当用解空间函数表示时,如果函数在解 p 的附近连续,可以通过计算得到权衡率。但是对于离散优化问题,由于解集合处于不连续状态,难以获得严格意义上的权衡率。

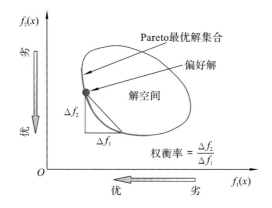

图 4.6　两个目标函数解集合与权衡率的关系

从决策的观点来看,决策者需要根据一定的基准从 Pareto 最优解中选出最终的解。这个基准就是以决策者对多个目标函数的取舍为基础的目标函数之间的偏好关系。对于目标空间中的两个点(x_i，x_j $\in$ $\mathbf{R}^n$)而言，当 x_i比 x_j 更受到偏好时，表示为 $x_i \succ x_j$，而 $x_i \sim x_j$ 表示 x_i 与 x_j 之间无差别。由"$\succ$"和"$\sim$"定义的 $x_i \in \mathbf{R}^n$，$i=1,\cdots,n$ 之间的二元关系称为偏好关系。当偏好关系（"$\succ$"和"$\sim$"）被排序时，则称之为偏好顺序。也就是说，"偏好顺序是按顺序排列的偏好关系"。

在这里，以目标函数的最小化为例，在 Pareto 最优解集合中，下述的式(4.8)成立。

$$x_i \leqslant x_j \Rightarrow x_i \succ x_j \tag{4.8}$$

因此，可以使用权衡率来确定以下偏好顺序。

图 4.7 中，当在 A 点（解 A）小幅度（Δf_1）修改一个目标函数 f_1 到达 B点（解 B）时，另一个目标函数 f_2 被大幅度（Δf_2）改善。这种情况下可认为解 B 比解 A 更优越。另外，当目标函数 f_2 在解 B 被小幅度改善时，另一个目标函数 f_1 被大幅度地修改为解 C。这时，可认为解 B 比解 C 更优越。因此，可以认为式(4.9)和式(4.10)成立：

$$B \succ A \tag{4.9}$$
$$B \succ C \tag{4.10}$$

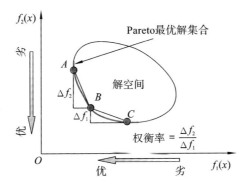

图 4.7 权衡率与偏好顺序

例如，在树木配置的多目标最优化问题中，上述的 A、B、C 的 3 个 Pareto最优解：①相对于解 A，在解 B 中，当存在即使树木成本大幅降低，室外微气候的舒适性仅会小幅度恶化时，解 B 比解 A 的偏好顺序更高，即更被偏好；

②相对于解 B，在解 C 中，如果树木成本稍微降低，夏季的室外热舒适性就会大幅恶化，这时设计者相较于解 C 会更偏好解 B。这种情况下，针对以树木成本和夏季的室外热舒适性为设计目标的上述 3 个 Pareto 最优解，偏好顺序可以被明确地排列出来。

二、基于信息的价值观调整

如前所述，在标量化的 2 个方法中，决策者的价值判断被假定为固定的。但在实际工作中，决策者的价值判断常常根据其所获取的信息进行调整。以使用权重系数的加权法进行多目标优化为例，如果决策者想要改善某个目标函数的数值，但一直无法实现这个想法，则决策者将会尝试增加该目标函数的权重系数。但是，如果发现即使增加该权重系数，对于这个目标函数的改善也还是很微不足道，则决策者可能放弃对这个目标函数的改进。其结果是，决策者将这个目标函数的权重系数设置为某个数值，并将兴趣转向其他的目标函数。此时，可以看到决策者由于得到了其关注的目标函数难以被改善的信息，将自己对于各个目标函数的价值判断进行了调整。

在设计过程中也存在相同的情况，设计者价值判断的变化也表明在获得达到设计目标的满足解之前会反复进行多次试错。假设设计者首先确定了某一组权重系数（包括约束条件等）并开始进行最优化，得到了第一组最优解。但是，由于设计者在各个设计目标之间可能缺少固定的价值判断，因此，无法判断自己是否能对这个解满意。在这样的情况下，设计者可能会稍微调整目标函数之间的权重系数，并再次进行最优化搜索。在这样不断试错的过程中，捕捉各种目标函数相互之间关系的信息之后，设计者才会确定自己的价值判断，从而选择出自己满意的偏好解。

三、本研究的基本观点

本章针对多目标优化问题中的决策问题，对其决策过程进行了探讨。在实际工作中，许多设计问题成为复杂的多目标最优化问题。同时，为了从 Pareto 最优解集合中选择令设计者满意的最优解，向设计者展示其做决策时所必需的支持信息是非常重要的。

因此,为了让决策者(设计者)能够找到满意的最优解,将其作为有效的决策支持系统,可以采用以下两种方法:

①从各种排序方法中向决策者呈现可供选择的信息,从而获得偏好解;

②向决策者呈现 Pareto 最优解集合中各个解之间的整体信息,决策者可根据各个目标函数之间的相关性,从 Pareto 最优解集合中选择令其满意的偏好解。

上述方法①是通过将多个目标标量化获得单目标最优解来实现的。由于每次的探索只能求出 Pareto 最优解集合中的某一个最优解。从前述的决策者价值判断可能进行调整的角度来看,搜索出来的最优解存在无法充分满足设计者目标的可能性。

方法②利用多目标遗传算法的多点同时搜索的特点,把 Pareto 最优解集合搜索出来,决策者对于各设计目标之间的价值判断,可根据 Pareto 最优解集合的信息进行调整。在这种情况下,相较于通过单目标优化进行不断试错的标量化方法,通过将 Pareto 最优解集合展现给决策者,可以使决策者发现各设计目标之间复杂的相互关系,从而一次性找到满足决策者价值判断的偏好解。

从上述观点出发,在本研究中,对多目标最优化问题,不使用标量化方法来计算出偏好解,而是采用通过求出 Pareto 最优解集合,向决策者提供充分的决策支持信息,来为设计者提供决策支持的方法。

在第五章中,我们将对室外微气候最优设计案例应用进行研究,并验证本研究方法的有效性。

第四节 本 章 总 结

①简要介绍了多目标最优化和 Pareto 最优解的概念。同时,简单说明了通过标量化方法与权衡率等方法获得 Pareto 最优解的过程。

②简要介绍了决策者(设计者)进行决策时的择优顺序的概念。

③简要介绍了本研究中所使用的多目标遗传算法(MOGA)的概念及求解 Pareto 最优解集合的方法。

本章参考文献

［1］ GOLDBERG D E. Genetic algorithms in search, optimization and machine learning［M］. London：Addison-Wesly, 1989.

［2］ FONSECA C M, FLEMING P J. Genetic algorithms for multi-objective optimization：formulation, discussion and generalization［J］. Proceedings of the 5th International Conference on Genetic Algorithms, 1993：416-423.

［3］ DEB K, AGRAWAL S, PRATAB A, et al. A fast elitist non-dominated sorting genetic algorithm for multi-objective optimization：NSGA-Ⅱ［J］. Indian Institute of Technology, Kanpur, India, 2000.

［4］ ZITZLER E, LAUMANNS M, THIELE L. SPEA2：Improving the Performance of the Strength Pareto Evolutionary Algorithm［J］. In Technical Report 103, Computer Engineering and Communication Networks Lab(TIK), Swiss Federal Institute of Technology(ETH) Zurich, 2001.

［5］ ERICKSON M, MAYER A, HORM J. The Niched Pareto Genetic Algorithm 2 Applied to the Design of Groundwater Remediation Systems［J］. First International Conference on Evolutionary Multi-Criterion Optimization, Springer-Verlag. Lecture Notes in Computer Science No. 1993, 2000.

［6］ FONSECA C M, FLEMING P J. Genetic algorithms for multi-objective optimization：formulation, discussion and generalization［J］. Proceedings of the 5th International Conference on Genetic Algorithms, 1993.

第五章 街区室外微气候优化设计案例:从单目标优化到多目标优化

第一节 概 述

街区微气候的形成与太阳辐射、风、气温、湿度、人工排热(采暖空调、汽车排热等)等多种因素有关。图5.1表示街区室外微气候的各种构成要素。当分析街区环境中的植物布置、建筑的形状与布局等因素对人体热舒适的影响时,需要讨论辐射场、流场和水蒸气的分布等因素之间的复杂关系。传统的室外环境设计往往根据设计者的经验、视觉感受等因素进行街区空间设计(例如建筑体型、建筑布局、绿化布局等),但这些从设计者经验出发的设计很难说是否能达到"最优"。

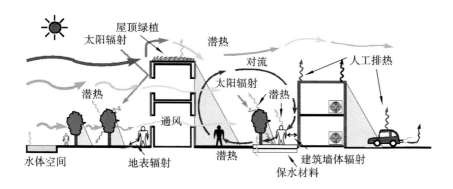

图5.1 街区室外微气候构成要素

在街区环境设计中,建筑、植物等环境构成要素的设计目的也不仅限于微气候改善等建筑技术科学的视角,视觉的美观性、设计的经济性等方面的因素也非常重要。因此,需要进行多目标最优化,而不是单目标最优化。

在本章中,针对街区环境的构成要素,通过对以下环境要素的优化配置探讨四个街区微气候最优化设计问题:

①树木的最优配置;

②建筑群的最优布局;

③架空层的最优布局;

④多目标优化视角下的树木最优配置问题。

第二节　树木的最优配置与街区室外微气候优化

一、概述

近年来,为了改善城市的夏季室外微气候,通过配置绿地和树木促进潜热蒸发以及遮挡太阳辐射的街区室外微气候调节策略备受关注。在相关研究中,主要是以树木对于街区微气候改善效果进行预测与评价为目标,尚无法达到开发或提出街区室外微气候优化设计方法的程度。

此外,在通过绿植来改善街区室外微气候时,适当的树木布置非常重要,但实际进行植物配置时往往从视觉感受的角度根据经验进行设计与施工。从改善街区室外微气候的角度出发,对于设计者来说,建立更好、更有效率的"最优设计"方法是非常必要的,尤其是在目前大力发展绿色建筑的背景下,性能目标导向的建筑设计成为发展趋势,更加需要开发以环境性能目标为优化目标的"最优设计"方法。

本章以街区室外空间的热舒适为重点,利用在前几章中说明的基于辐射对流耦合模拟与遗传算法建立的街区室外微气候最优设计方法,通过对街区树木的优化配置进行改善街区微气候的案例研究。

二、最优化问题的设定

1.设计目标

本研究以通过树木最佳配置实现夏季街区室外微气候的最优化为设计

目标。具体而言，以目标函数(SET*的降低量)的空间分布值在街区中的空间积分最大化为目标，进行树木的最优化配置。

2. 研究对象

以图 5.2 所示的街区模型为研究对象。该街区被设定为均等的多层高密度理想街区模型，并以中央区域的绿色地块作为讨论对象。模拟日时为东京 7 月 23 日下午 3 时。此时的太阳高度角为 45.1°，风向为南，风速为 3.0 m/s(高度为74.6 m)，气温和相对湿度分别为 31.6 ℃ 和 58%。此外，对象地块内树木的数量固定为 8 棵，高度为 7 m，树冠直径为 5 m。本研究采用的树木模型是吉田等人开发的[1]。

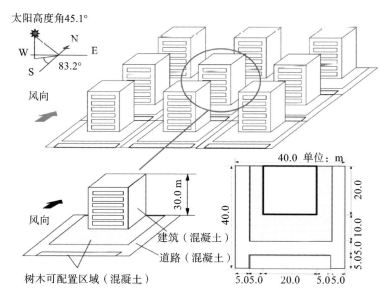

图 5.2　街区模型

3. 设计变量

本研究将树在对象区域内的位置作为设计变量。在具体设置时，设计变量是在图 5.3 中所示对象区域内可以配置树木的全部 1~26 个网格编号中实际配置树木的网格的编号。

4. 目标函数

最优量化评价指标，也就是目标函数被设定为配置树木与不配置树木

街区空间内的 SET*（热舒适评价指标）的变化量，这个目标函数表示配置树木对街区微气候的改善程度。

在具体的操作过程中，首先，对基本工况（没有配置树木的工况）进行辐射对流耦合模拟，获得基本工况的 SET* 的空间分布。然后针对配置了树木的工况进行辐射对流耦合模拟，并计算出各工况的 SET* 的空间分布，最后通过式（5.1）计算目标函数：

$$F_{\text{total}} = \sum \{B_j - D_j\} \tag{5.1}$$

式中：F_{total} 为目标函数；B_j 为基本工况（没有配置树木）的 j 点的 SET* 值；D_j 为配置树木后 j 点的 SET* 值。

本研究的设计目标是搜索能够使目标函数在街区中的空间积分值最大化的一组树木位置组合（设计变量的优化组合）。因此，目标函数最高的解候补将成为最优化评价最好的个体。

5. 基于 GA 的最优化搜索与染色体的表述方法

本研究所采用的寻优算法是在第三章中曾经简要介绍过的具有更高效率的多岛遗传算法（multi-island genetic algorithm）。在本研究中，岛的数量被设定为 6 个，各岛的每世代的个体数设定为 10 个，因此，每个世代的种群数量为 6×10 个＝60 个，世代数设定为 12。在最优搜索过程中模拟的全部个体数为 60×12 个＝720 个。

图 5.3 表示染色体的表述方法。根据设计变量的设定，本研究的树木配置问题实际上转化为在二维平面上有可能配置树木的 26 个单元中，选择 8 个单元进行树木配置的问题。以每棵树为一个"单元"，给每棵树一个"树木编号"。在进行染色体定义操作时，根据排列的各个树木编号，将树木的位置信息（网格编号）赋值给每棵树木。染色体通常采用二进制表示，染色体的基因座上数值为"0"或"1"。因此，本研究中，染色体是将 1～26 定义的网格编号转变为二进制的代码，并写入对应的基因座，从而对染色体进行表述。

表 5.1 说明本研究中使用的 GA 的参数。GA 的操作步骤具体如下。

首先，随机生成初始种群（第一代）的每个个体（60 个）作为初始值。其

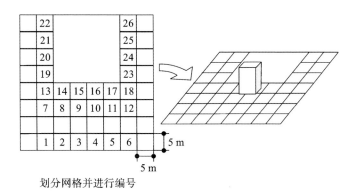

划分网格并进行编号

树木的编号
树木的位置（网格编号）

图 5.3　染色体的表述方法

次,通过辐射对流耦合分析分别计算个体的目标函数。从每个岛的 10 个个体中,选择目标函数位列前 4 位的个体,对这 4 个个体进行随机简单交叉(simple crossover,交叉率为 100％)及正态突变(normal mutation,突变率为 2％)等操作,从而产生 10 个下一代的孩子(个体)。重复相同的操作,完成世代更替。在多岛遗传算法中,每两代(迁移间隔 2)在各岛之间进行被称为迁移的个体交换。随机确定迁移的岛,将每个岛内的一半个体(迁移率为 0.5)进行交换。这样的迁移共计重复 6 次,进行 12 世代的最优搜索。

另外,本研究中利用的交叉是一点交叉。对于交叉和变异过程中有可能出现的基因座(树木位置)重叠情况,通过"四、本节小结"中注 1 所述的方法来解决。

表 5.1　GA 的参数 1

岛的规模（island size）	10
岛的数量（number of island）	6
种群规模（population size）	60(10×6)
世代数（number of generation）	12

个体总数（total individual size）	720（60×12）
迁移率（migration rate）	0.5
迁移间隔（interval migration）	2
锦标赛率（tournament rate）	0.4
交叉率（crossover rate）	1.0
突变率（mutation rate）	0.02

6.工况设定

表 5.2 表示工况设定。为了讨论关注区域的差异对于最优搜索有什么影响,设定了 3 种工况进行分析:①case0,基本工况,没有配置树木;②case1,将研究对象街区室外空间整体作为关注对象,针对模拟区域高度 1.5 m 处每个点 SET* 的总和进行评价;③case2,以居民活动区域为关注对象,对道路上空 1.5 m 处 SET* 的总和进行评价。

研究步骤参考第三章说明的二阶段型优化设计方法。

表 5.2　工况设定 1

case0	基本工况（没有配置树木）
case1	将街区室外空间整体作为关注对象（高度 1.5 m 的水平面每个点 SET* 的总和）
case2	以居民活动区域为关注对象（道路上空 1.5 m 处 SET* 的总和）

三、结果分析与讨论

1.第一阶段搜索

图 5.4、图 5.5 表示 case1 和 case2 在第一阶段的基于 GA 的最优搜索过程中目标函数的变化状况。横轴是最优搜索的步数（RunCounter）,纵轴是目标函数（SUMSET）。随着最优搜索的开展,可以明显看出个体的目标函数值（适合度）呈升高趋势,因此,可以认为 GA 是最优搜索的有效工具。

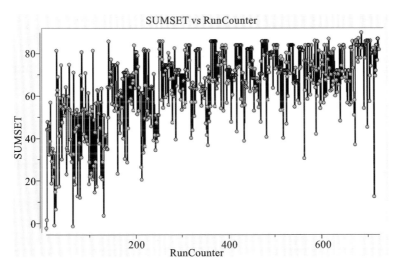

图 5.4　染色体的表述方法 1

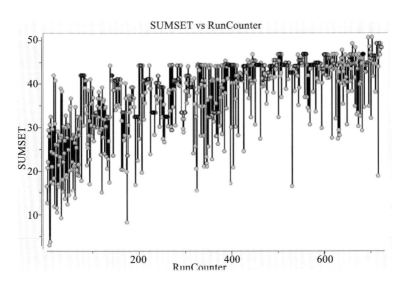

图 5.5　染色体的表述方法 2

　　另外，图 5.6、图 5.7 展示了 case1 和 case2 在第一阶段搜索中目标函数排在前 5 位的结果。东京 7 月 23 日下午 3 时的太阳方位角为西偏南，建筑的西侧与南侧外墙的表面温度较高。在这两种工况下，为了降低 MRT，树木的配置都具有布置在建筑的西侧与和南侧的趋势。在整个区域为关注点的 case1 中,树木的配置在区域内较为平均;与此相比,在以居民活动区域为关注点的 case2 中,树木主要沿道路进行配置。

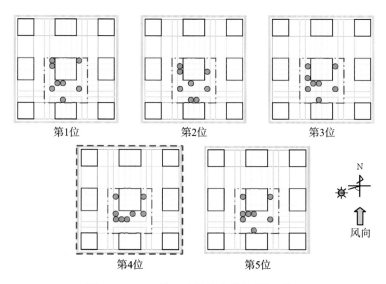

图 5.6　case1 第一阶段搜索结果(前 5 位)

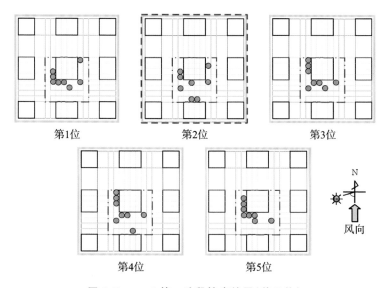

图 5.7　case2 第一阶段搜索结果(前 5 位)

2. 第二阶段搜索

在第二阶段搜索中，针对从 case1 和 case2 的第一阶段搜索中选出各自前 10 位的个体进行第二阶段搜索。图 5.6 和图 5.7 中用虚线标出的树木配置方式是通过详细的辐射、对流、水蒸气输送耦合模拟后选出的最优个解（最优设计）。图 5.8、图 5.9 分别为 case1 和 case2 的街区微气候模拟结果。在关注区域的平均值中，case1 的气温比 case2 升高 0.5 ℃左右，但随着气温的上升，case1 的相对湿度比 case2 降低 3％左右。同时，case1 的风速平均值比 case2 增加 0.04 m/s 左右，case1 的 MRT 值比 case2 降低 0.5 ℃左右。表 5.3 是最优解的区域整体，以及道路上空 1.5 m 处的平均 SET*。一方面，与基本工况相比，case1 与 case2 的平均 SET* 明显降低，体现了配置树木所产生的室外微气候缓和效果。另一方面，case1 中区域整体的平均 SET* 相比于 case2 略有降低，但道路上空的平均 SET* 却稍有升高，表明优化目标区域的差异对于最优搜索的结果具有较大影响。

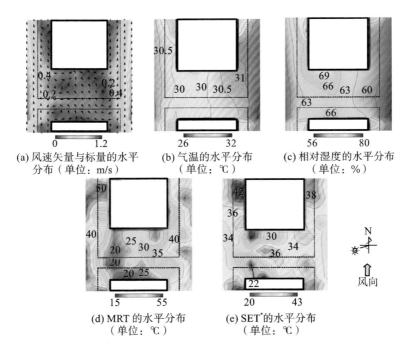

图 5.8　case1 最优解街区微气候模拟结果

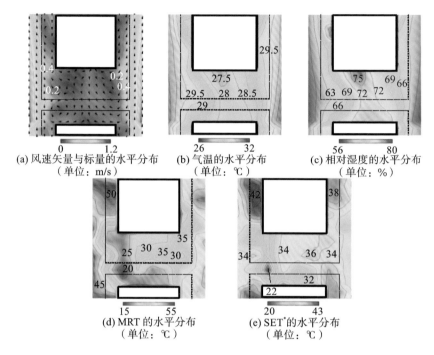

(a) 风速矢量与标量的水平分布
（单位：m/s）

(b) 气温的水平分布
（单位：℃）

(c) 相对湿度的水平分布
（单位：%）

(d) MRT 的水平分布
（单位：℃）

(e) SET*的水平分布
（单位：℃）

图 5.9　case2 最优解街区微气候模拟结果

表 5.3　高度 1.5 m 处平均 SET*

	case0	case1	case2
区域整体	39.59 ℃	34.32 ℃	34.71 ℃
道路上空	40.25 ℃	34.28 ℃	34.10 ℃

　　为了降低 MRT,最初设想为将树木全部配置在建筑的南侧和西侧。但是在所获得的最优解中,建筑东侧和南侧也配置了树木(case1 的 25 号位置,case2 的 3、4、25 号位置)。通过对比分析,可以看出其原因在于以下两点(假设以 case2 中第 3 位(图 5.7)的树木配置作为比较对象)。

　　①在 case1 中,目标函数的关注区域是区域整体,case1 的最优解为第一次搜索中的第 4 位个体,该个体的模拟结果中,虽然 MRT 在区域整体中略高,但从流场的角度来看,由于树木集中在场地的西南角,该个体在街谷中产生循环流,使街谷内的风速增大。此外,尽管网格编号为 25 号的树木没有

直接遮挡太阳辐射，但它可以遮挡来自建筑外墙表面的太阳辐射反射及墙面的长波辐射，从而也具有降低周围 MRT 的效果。因此，第 4 位个体的 SET* 较低，成为最优解。

②在 case2 中，目标函数的关注区域是道路上空。由于模拟时的太阳方位角是西偏南，因此，树木没有配置在道路的西侧与南侧（如 case2 的第一次搜索中的第 2 位（图 5.7）），不会遮挡道路处的太阳辐射，这种配置方式可能会令人觉得有些奇怪。但在这个个体中，位置编号为 3、4、25 号的树木遮挡了来自相邻建筑外墙的太阳辐射反射和墙面的长波辐射，因此，与第一次搜索中的第 3 位个体相比，道路处的 MRT 反而降低，使得 case2 中第 2 位的个体为最优解。

根据本研究的结果，可以确认街区室外微气候最优化设计方法作为设计工具的有效性。

四、本节小结

①提出了基于 GA 与辐射对流耦合模拟的街区微气候最优化设计方法。

②通过对街区空间整体及居民活动区域等两种不同工况的最优化搜索，发现关注区域的差异对最优搜索的结果具有明显影响。

③与基本工况相比，case1、case2 的最优搜索获得的结果均可看出树木对街区微气候的明显改善效果。与 case1 相比，case2 中区域整体的 SET* 平均值增高约 0.4 ℃，但道路上空的 SET* 平均值反而降低约 0.2 ℃。因此，两个工况各自实现了关注区域微气候的优化，展现出最优化设计方法的有效性。

④模拟结果表明，与最优解相比，不良个体的 SET* 平均值都增高了 2 ℃左右，说明树木配置位置的差异对于街区室外微气候具有很大影响，非常有必要对树木的最佳配置进行研究。

注 1：本研究中，由于染色体在遗传操作时，可能会有同一个基因座的编码出现重叠的情况（如图 5.10 所示）。针对这个问题，本研究采用下述方法进行应对：由于每个个体的目标函数的计算是在将染色体的基因型转译为表现型之后进行的，因此，可以使用如图 5.10 所示的将染色体的基因型转译为表现型的方法(例如:在12个可配置树木的位置中选择4个位置)。首先,将染色体中表述的基因座的值(树的位置)按从大到小的顺序进行排列。其次,在表示数目位置号的行中,以与第一棵树(T1')的数值(10)相对应的位置提取树木位置编号,并将第一棵树在染色体表现型中的位置定义为T1(10)。由于每棵树只能被配置在一个位置,所以在赋值第一棵树位置之后,从树木位置的数列中删除位置号(10)。因此,第二棵树可以选择的位置数量变为11个。这时,从位置号的数列顺序中消除10之后,位置号在顺序10的位置处的数值变为11,并且位置号在顺序11位置处的数值变为12。然后,将对应于第二棵树的位置处的T2'的数值(7)从位置号中提取出来,将第二棵树在表现型中的位置定义为T2(7)。同时,从位置号的数列中擦除第二棵树的位置号(7)。这样,在顺序7的位置处的位置编号变为8,并且在顺序8的位置处的位置编号变为9。对于第三棵树,在位置编号的数列中取与T3'的数值(7)相对应的顺序的位置编号(8),将第三棵树在表现型中的位置设定为T3(8)。最后通过相同的方法,第四棵树的位置(T4)设定为5。通过重复上述操作,可以排除表现型中基因座编码的重叠。

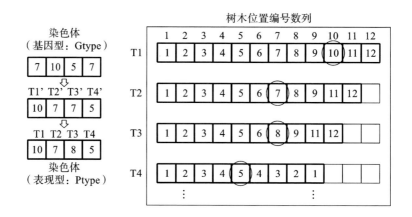

图 5.10　染色体的基因型转译为表现型的方法

第三节 建筑群的最优布局与街区室外微气候优化

一、最优化问题设定

1.设计目标

本研究以通过优化建筑群的布局达到街区室外微气候优化作为设计目标。具体而言,通过对建筑群的最优布局的搜索,寻找可使后述的目标函数(本研究中为 SET* 平均值降低)最小化的建筑群布局。

2.研究对象

图 5.11 是研究对象街区的平面图。研究日时是东京 7 月 23 日下午 3 时。太阳高度角为 45.1°,风向为南,风速为高度 74.6 m 处 3.0 m/s,气温和相对湿度分别为 31.6 ℃和 58%。

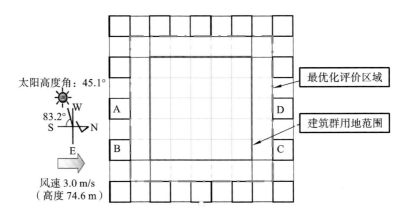

图 5.11 研究对象街区的平面图

本研究为了探讨研究对象街区的方位、建筑密度的变化对建筑群的最优布局将产生何种影响,设置了如表 5.4 所示的 3 个工况。case1 是低层街区。case2 也是低层街区,但与 case1 相比,case2 中的街区朝向向右旋转了

45°。case3 是中层街区,街区的朝向与 case1 相同。

表 5.4　研究工况

case1	低层街区
case2	低层街区,街区朝向与 case1 相比,向右旋转了 45°
case3	中层街区,街区朝向与 case1 相同

街区中建筑的栋数被固定为 10 栋。图 5.12 表示建筑单元模型。在 case1 与 case2 中,建筑单元模型如图 5.12 中①所示(15 m×15 m×9 m),在 case3 中,建筑单元模型设定如图 5.12 中②、③两种单元(15 m×7.5 m×18 m 和 7.5 m×15 m×18 m)所示。②、③这两种建筑单元体量相同,但建筑朝向相差 90°。case3 中的两种建筑单元模型在研究对象街区中的容积率与 case1 相同,但建筑密度为 case1 的 1/2。

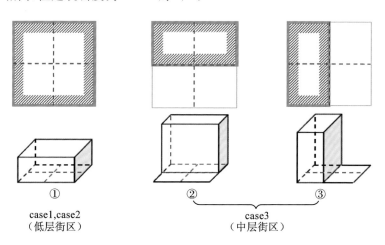

图 5.12　建筑单元模型

3.设计变量

本研究以图 5.11 所示研究对象街区中每个建筑单元的位置作为设计变量。也就是说,在研究对象街区中,以每个建筑单元在全部 25 个可能设置建筑单元的网格中,实际设置建筑单元的网格编号作为设计变量。另外,在 case3 中,图 5.12 所示的②、③两种建筑单元的种类也作为设计变量。

4.基于 GA 的最优化搜索与染色体的表述方法

本研究采用第三章中说明的多岛遗传算法。表 5.5 显示本研究的 GA 参数。岛的数量设定为 6 个，各岛规模设定为 10 个，种群规模设定为 6×10 个＝60 个，世代数设定为 20。全部搜索的个体总数设定为 60×20 个＝1200 个。

表 5.5　GA 的参数 2

岛的规模(island size)	10
岛的数量(number of island)	6
种群规模(population size)	60(10×6)
世代数(number of generation)	20
个体总数(total individual size)	1200(60×20)
迁移率(migration rate)	0.5
迁移间隔(interval migration)	4
锦标赛率(tournament rate)	0.4
交叉率(crossover rate)	1.0
突变率(mutation rate)	0.02

图 5.13 表示染色体的表述方法。与本章第二节中所述的染色体定义方法类似，本研究的染色体定义也是通过对研究对象街区进行网格划分，并给每个网格分配表示位置的数字。因此，建筑群的布局问题转化为在研究对象街区平面上的 25 个网格中选择 10 个网格，并配置建筑单元的问题。此外，由于 case3 中的建筑单元有两种类型，因此，该工况中建筑单元的类型也是设计变量。在染色体中，定义了表述建筑单元位置信息的基因座，以及"建筑单元类型代码"的基因座。

染色体通常采用二进制来表示，在本研究中，染色体是将 1～25 的网格编号转变为二进制编码赋予每个对应的基因座。另外，在 case3 中，将每个建筑单元的类型代码（"0"或"1"）赋值给对应的基因座进行染色体定义。

5.目标函数

最优化评价主要是对建筑群的优化布局使街区微气候的热舒适指标

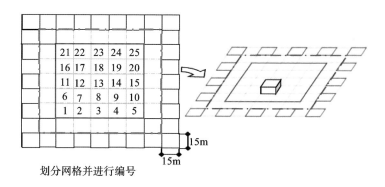

划分网格并进行编号

建筑单元的种类（仅限 case3）

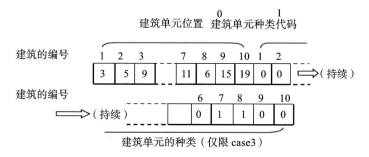

建筑单元的种类（仅限 case3）

图 5.13　染色体的表述方法

SET* 降低的程度进行评价。即通过辐射对流耦合模拟，获得每个个体的 SET* 空间分布，并通过下式计算出目标函数：

$$F = \overline{D} \tag{5.2}$$

式中：F 为目标函数；$\overline{D}$ 为每个个体在研究对象街区中的 SET* 的平均值。

本研究的设计目标是获得使目标函数最小化的建筑群的最优化布局。因此，目标函数较低的个体被认为是具有较高适合度的个体。

6. 研究步骤

如果所有的个体都采用详细的辐射对流耦合模拟进行，计算的负荷将变得非常庞大，并且不适用于实际设计。因此，本研究采用第三章说明的二阶段型优化设计方法。

①第一阶段搜索:辐射分析采用稳态分析,CFD分析采用粗网格湍流模拟。在这个阶段,假设室外的气温和相对湿度的空间分布是均一的。在所有候选解中,目标函数值位列前10位的个体被选择为第二阶段的最优搜索的候选。

②第二阶段搜索:对被选出的10个个体进行详细的辐射、对流、水蒸气输送耦合模拟。计算每个个体的气温、风速和相对湿度的空间分布,并获得SET*的空间分布。在这个阶段,辐射分析是非稳态模拟,CFD模拟采用精细网格的湍流模拟。

③在第二阶段搜索中,以目标函数值最低的个体作为建筑群的最优布局。

在辐射对流耦合模拟中,首先,基于蒙特卡罗法计算街区空间的形态系数,从而计算建筑墙体及地面的太阳辐射与热传导,获得建筑外墙及地面的表面温度。然后,将建筑外墙和地面的表面温度作为边界条件进行CFD模拟。在CFD分析中,使用改进型Kato-Launder模型,用于抑制建筑迎风侧湍流能量的过度产生。

二、结果分析与讨论

1. 第一阶段搜索

图5.14、图5.15、图5.16分别表示case1、case2和case3在第一阶段通过GA进行最优搜索时目标函数的变化过程。横轴是最优搜索的步数(RunCounter),纵轴为目标函数(AVGSET)。在各工况中,伴随着最优搜索的开展,个体的适合度都有提高的趋势,即目标函数(SET*的平均值)具有降低的趋势。

与case1相比,case2的平均SET*较高,case3的平均SET*较低。其原因在于,在case2中,由于风从街区块的斜向流入,建筑的阻力较大,街区内部的风速降低,而在case3中,由于建筑单元的高度增大,遮挡太阳辐射,街区内部的MRT降低,并且由于建筑密度下降,街区内的自然通风性能得到提升。

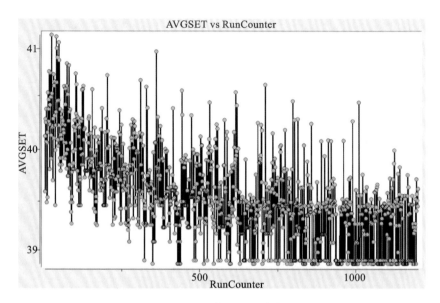

图 5.14　case1 第一阶段搜索过程

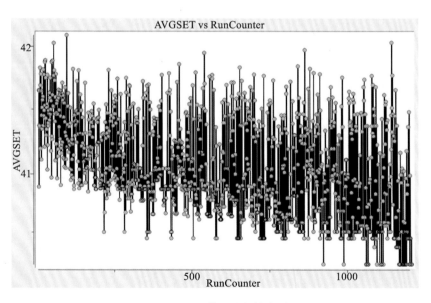

图 5.15　case2 第一阶段搜索过程

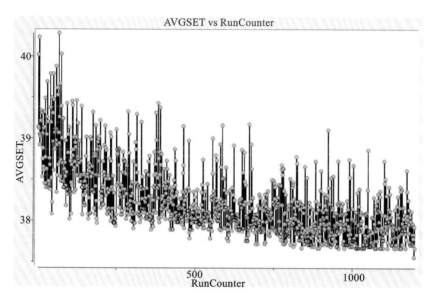

图 5.16　case3 第一阶段搜索过程

图 5.17、图 5.18、图 5.19 分别表示 case1、case2 和 case3 中第一阶段搜索结果的目标函数位列前 5 位的个体。在各工况中,为了确保街区内部的自然通风性能,建筑基本上平行于风向布置。在 case3 中,虽然设定了图 5.12 中②和③所示两种建筑单元,但在前 5 位的个体中,为了增大建筑对太阳辐射的遮阴效果,以及将建筑对风的阻力最小化,所有的建筑单元都选择了②这一种建筑单元形式。

2. 第二阶段搜索

对 case1、case2 和 case3 在第一阶段搜索中分别选择的前 10 位个体进行第二阶段搜索。图 5.17、图 5.18 和图 5.19 中用红色虚线框出了通过详细的辐射、对流、水蒸气输送耦合模拟后获得的最优解(最优建筑群布局)。图 5.20、图 5.21、图 5.22 分别表示 case1、case2 和 case3 最优解的微气候模拟结果。从三种工况中各物理量的平均值来看:①与 case1 相比,case2 的风速降低 0.2 m/s 左右,其原因在于风从街区块的斜向流入,导致分析区域内整体风速下降;case2 比 case1 气温降低了 0.1 ℃左右、MRT 降低约 0.7 ℃,这是由于 case2 中街区的朝向向右旋转了 45°,因此西侧外墙的朝向变为西

89

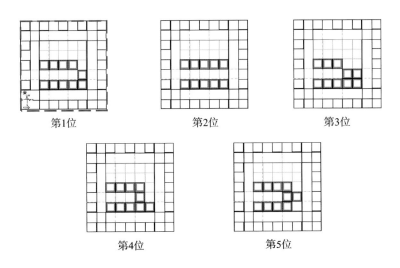

图 5.17　case1 第一阶段搜索目标函数前 5 位个体

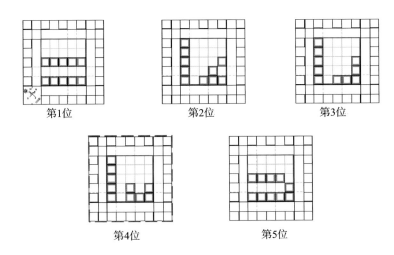

图 5.18　case2 第一阶段搜索目标函数前 5 位个体

北,降低了西侧外墙接受的太阳辐射量,使建筑外墙表面温度降低(参见图5.21);②case3 与 case1 相比,风速的平均值大致相同,但在图 5.11 所示上风侧的编号为 A 和 B 的建筑附近,风速增大,自然通风性能得到改善,使得该区域的气温也低于 case1,其原因在于通风特性的提高,可以有效地除去滞

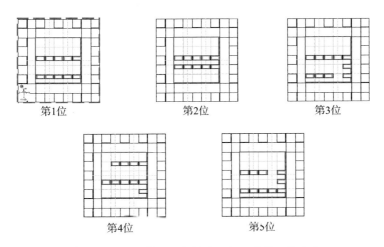

第1位 第2位 第3位

第4位 第5位

图 5.19 case3 第 阶段搜索目标函数前 5 位个体

留的热量；③在 MRT 的平均值方面，case3 比 case1 降低约 5 ℃，其原因是，case3 的建筑单元高度从 case1 的 9 m 升高到 18 m，在模拟时刻，阴影区域增大，地表面温度下降，导致 MRT 的平均值大幅降低，同时 case3 分析区域内的平均气温也比 case1 降低约 0.1 ℃。

从三种工况的目标函数值来看：①与 case1 相比，case2 的平均 SET* 升高约 1.5 ℃，case3 的平均 SET* 降低约 1.2 ℃；②与 case1 相比，case3 通过改善上风侧的自然通风性能，以及降低建筑间隙中的 MRT，从而降低 SET*，改善夏季街区室外微气候。

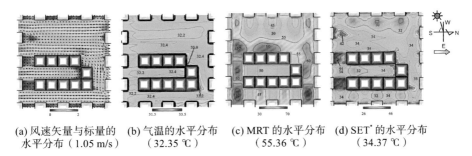

(a) 风速矢量与标量的
水平分布（1.05 m/s）

(b) 气温的水平分布
（32.35 ℃）

(c) MRT 的水平分布
（55.36 ℃）

(d) SET* 的水平分布
（34.37 ℃）

图 5.20 case1 最优解的微气候模拟结果

（括号内的值为模拟区域内的平均值）（高度 1.5 m）

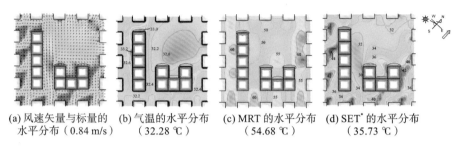

(a) 风速矢量与标量的　　(b) 气温的水平分布　　(c) MRT 的水平分布　　(d) SET* 的水平分布
　　水平分布（0.84 m/s）　　（32.28 ℃）　　　　　（54.68 ℃）　　　　　（35.73 ℃）

图 5.21　case2 最优解的微气候模拟结果

（括号内的值为模拟区域内的平均值）（高度 1.5 m）

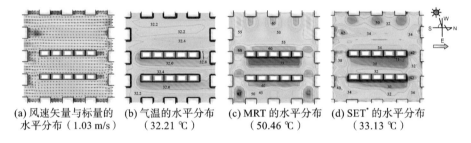

(a) 风速矢量与标量的　　(b) 气温的水平分布　　(c) MRT 的水平分布　　(d) SET* 的水平分布
　　水平分布（1.03 m/s）　　（32.21 ℃）　　　　　（50.46 ℃）　　　　　（33.13 ℃）

图 5.22　case3 最优解的微气候模拟结果

（括号内的值为模拟区域内的平均值）（高度 1.5 m）

三、本节小结

①本研究利用基于 GA 与辐射对流耦合模拟的街区微气候最优化设计方法，进行了街区朝向、建筑密度存在差异的三种工况的最优化搜索，明确了街区朝向、建筑密度的差异对最优化搜索的结果具有显著影响。

②从三种工况的 SET* 平均值来看，与 case1 相比，case2 的平均 SET* 升高约 1.5 ℃，case3 的平均 SET* 降低 1.2 ℃左右。

③本研究的分析结果表明，三种工况下，相较于最优个体，不良个体的 SET* 平均值都上升了超过 2 ℃。建筑群布局的差异对街区室外微气候产生了显著影响，因此，进行建筑群最优布局的研究非常重要。近年来，不仅环境工程领域对城市热岛现象进行了大量的研究，城市规划和建筑设计领域同样也涌现出大量的研究成果。在这样的背景下，有关建筑群的最优布局的研究成果对于设计者在设计阶段具有重要的参考价值。

第四节　架空层的最优布局与街区室外微气候优化

一、概述

在前一节的研究中可以看出确保街区具有良好的自然通风性能可明显改善夏季恶劣的街区微气候。在第二章的研究中,确认了设置架空层(图5.23)对于改善居住区的自然通风性能及热舒适的效果。本研究以第二章第二节中讨论的居住区为研究对象,以改善居住区夏季微气候、提高居民的热舒适性为目标,对居住区架空层的最优配置进行探讨。

从冬季人体热舒适角度来看,居住区内行人高度的冷空气的流入是令人不舒适的主要因素之一。因此,本研究中在冬季配置架空层时,抑制研究对象区域的冷风流入也成为优化目标之一。

图 5.23　研究对象居住区内的架空层

二、最优化问题设定

1. 设计目标

以改善街区室外风环境为目标,探索在后述的目标函数(即研究区域内室外风速的变化量)与约束条件下实现下列目标的架空层布局:①夏季目标函数的最大化;②冬季目标函数的最小化;③考虑夏季与冬季风环境同时兼顾的优化方案,寻找 Pareto 最优解集合。

2. 研究对象

图 5.24 所示为中国南方某居住区平面图,其中区域 A 为本研究对象区域。区域内建筑为 4～5 层住宅。图 5.25 为区域 A 的一层平面中可以设置架空层(层高 3 m)位置的限定图,图中编号 1～19 的部分是可设置架空层的候选位置。在本研究中对架空层的总面积进行限定,即相当于图中 6 处位置面积之和。因此,本研究的最优化问题转化为从图示的 19 处候选位置中任意选择 6 处设置架空层,使室外风环境达到最优化设计目标的优化组合问题。模拟时间为夏季 8 月 15 日 12 时,风向 SSE(东南偏南),风速 3.5 m/s(位于 36.5 m 处)(实测结果)[2];冬季 2 月 18 日下午 3 时,风向 NNW(西北偏北),风速 2.5 m/s(位于 11 m 处)(广州标准气象数据)。

3. 设计变量

本研究根据最优化问题的设定,将架空层的设置位置作为设计变量,即图 5.25 中架空层的位置编号。

4. 目标函数

本研究关注研究对象街区内部的自然通风性能的改善,因此,最优化评价是通过相对于基本案例而言设置架空层后室外通道部分(行人活动区域)风速的变化量进行的。最优化的目标函数可通过式(5.3)表示:

$$F_{\text{total}} = \sum \{ A_j (V_j - V_j{}') \} \tag{5.3}$$

式中:F_{total} 为目标函数;V_j 为设置架空层后 j 点的风速;$V_j{}'$ 为未设置架空层(基本案例)时 j 点的风速;A_j 为网格 j 的面积。

图 5.24 居住区总平面图

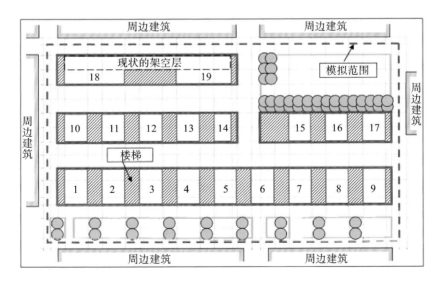

图 5.25 研究对象住宅组团平面图

5.工况设定

在本研究中,我们将探讨如何通过架空层的最优配置,在居住内夏季促

进自然通风及冬季抑制冷风流入，以及这两个设计目标对最优化搜索产生
怎样的影响。基于这样的研究目的，设定了如表 5.6 所示的 4 个工况。
case0 为基本案例，即未设置架空层的案例；case1 为仅考虑夏季促进街区自
然通风的案例；case2 为仅考虑冬季防止冷风过大影响的案例；case3 为需要
同时兼顾夏季促进通风与冬季防止冷风过大影响的案例。对于单目标优化
问题而言，case1 为实现目标函数的最大化、case2 为实现目标函数的最小
化。由于 case3 为多目标最优化问题，需要寻找 Pareto 最优解集合。同时，
对于 case3 设定了两个约束条件：①在夏季目标函数结果不为负值；②在冬
季目标函数的结果不为正值。即相比于基本案例，通过设置架空层，在夏季
室外风速不会降低，而冬季风速不会升高作为最优化设计方案的基本条件。

表 5.6 工况设定 2

案例	讨论内容	最优化评价	约束条件
case0	基本案例（现状案例）	—	—
case1	仅考虑夏季促进街区自然通风	风速变化量最大化	—
case2	仅考虑冬季防止冷风过大影响	风速变化量最大化	—
case3	需要同时兼顾夏季促进通风与冬季防止冷风过大影响	两个优化目标 Pareto 最优解	夏季风速变化量 ≥ 0 冬季风速变化量 ≤ 0

6.基于 GA 进行最优化探索

本研究选用具有较高搜索效率的岛模型遗传算法。表 5.7 所示为本研
究采用的遗传 GA 的参数。岛的数量设定为 5 个，岛的规模设定为 10 个，种
群规模设定为 5×10 个 $= 50$ 个，世代数设定为 30。全部搜索个体总数设定
为 50×30 个 $= 1500$ 个。

另外，case3 的寻优过程采用多目标遗传算法。

表 5.7 GA 的参数 3

岛的规模（island size）	10
岛的数量（number of island）	5
种群规模（population size）	50（10×5）

续表

世代数(number of generation)	30
个体总数(total individual size)	1500(50×30)
迁移率(migration rate)	0.5
迁移间隔(interval migration)	4
锦标赛率(tournament rate)	0.3
交叉率(crossover rate)	1.0
突变率(mutation rate)	0.02

7.研究步骤

由于 CFD 模拟分析需要较长的计算时间,同时最优化搜索过程需要计算大量的个体(案例),如果整个搜索过程全部进行详细的 CFD 模拟需要耗费大量的时间,使得最优化搜索无法在有限的时间内实现,在实际设计中难以应用。因此,本研究采用二阶段型最优化设计方法。

①第一阶段搜索:CFD 模拟采用粗网格的湍流计算。采用网格分割将图 5.25 的分析区域分割成 26(东西向)×17(南北向)×12(高度)。在所有个体中,目标函数值排在前 10 位的个体被选择为第二阶段的最优搜索的候选。

②第二阶段搜索:对上述被选出的 10 个个体进行精细的 CFD 模拟。计算每个个体的风向、风速的空间分布,获得风速变化量。在这个阶段,CFD 模拟采用精细网格的湍流分析。采用网格分割将图 5.25 的计算区域分割为 68(东西向)×36(南北向)×19(高度)。

③在第二阶段搜索的设计参数组合中,将适合度最高的个体作为架空层的最优配置设计方案。

在 CFD 模拟时使用改良型 Kato-Launder 模型,以便抑制在建筑迎风侧产生过大的湍流能量。此外,在设置计算区域中的流入风时,首先对图 5.24 中虚线包围的大区域(区域 B)进行 CFD 模拟,然后将该结果作为区域 A(参见图 5.24 中实线围合区域)的流入风速边界条件。

三、结果分析与讨论

1. 单目标最优化问题(case1 与 case2)

(1)第一阶段搜索

图 5.26、图 5.27 分别表示 case1 与 case2 的第一阶段遗传算法的搜索过程。横轴表示搜索步数(RunCounter),纵轴为目标函数(SumRate)。从两个工况中均可看出,随着搜索过程的开展,个体目标函数的总体走向均迅速地趋向于各案例的设计目标(case1:最大化;case2:最小化)。图 5.28、图 5.29 分别表示 case1 与 case2 的第一阶段搜索所得到的目标函数前 3 位的个体。从结果中可以看出,对于 case1 而言,为了改善解析区域下风向的透风状况,架空层的布局存在布置在夏季风向的下风向的趋势;而在 case2 中是以降低计算区域的风速为目标,为了增加上风向流入风的压力损失,存在将架空层布置在冬季风向的上风向的趋势。

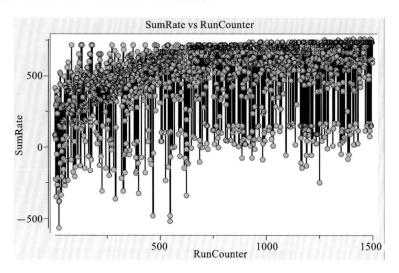

图 5.26　case1 第一阶段搜索过程

(2)第二阶段搜索

在此阶段分别针对 case1 与 case2 在上述第一阶段搜索中选出的前 10 位个体进行详细计算。最终通过高精度的 CFD 模拟选择出的最优化方案分

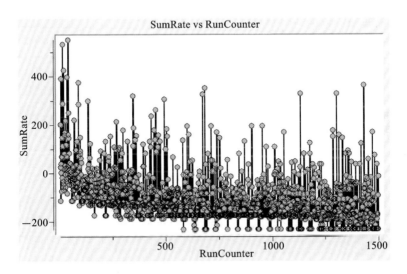

图 5.27　case2 第一阶段搜索过程

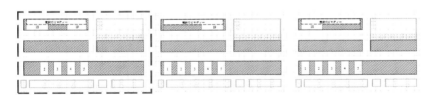

图 5.28　case1 第一阶段搜索前 3 位个体

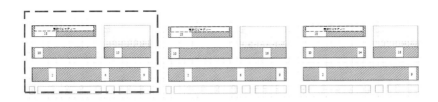

图 5.29　case2 第一阶段搜索前 3 位个体

别在图 5.28、图 5.29 中用虚线所围合的架空层布置表示(分别为 case1 与 case2 的第 1 位)。图 5.30、图 5.31 分别为两个最优方案的高度 1.5 m 处风速的水平分布。在 case1 中可以看出相比于基本工况(图 5.30(a)),最优方案(图 5.30(b))在下风向的风速明显增大。另外,在 case2 中可以看出相比于基本工况(图 5.31(a)),最优方案(图 5.31(b))尽管在上风向的局部风速有所增大,但是就计算区域的整体而言风速明显下降。

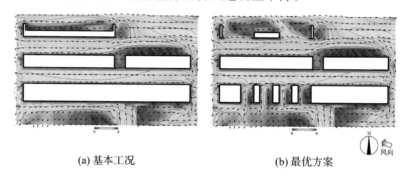

(a) 基本工况　　　　　　　　　　(b) 最优方案

图 5.30　case1 风速的水平分布(高度 1.5 m)

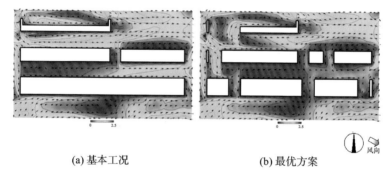

(a) 基本工况　　　　　　　　　　(b) 最优方案

图 5.31　case2 风速的水平分布(高度 1.5 m)

2. 多目标最优化问题

图 5.32 表示 case3 的需同时兼顾的 2 个目标函数之间的关系,由图中可以看到 2 个目标函数之间存在明显的权衡关系(trade-off)。因此,case3 的最优解并不唯一,而是 Pareto 最优解集合。表 5.8 为 Pareto 最优解集合,按照夏季的风速变化量由高到低排列(由于篇幅所限,在此仅列出夏季风速变化量最高的两个个体与冬季风速变化量最小的两个个体)。在 Pareto 最优解集合中,与 case1 的第一阶段搜索结果相比,case1 的第 1 位及第 2 位的个体并不在 case3 的 Pareto 最优解集合中。其原因在于尽管这两个个体的夏季结果很好,但是冬季的目标函数结果为正值,不满足 case3 的约束条件的限制;在与 case2 的第一阶段搜索结果进行比较时,也可以看到 case2 的第

1位及第2位的个体也不在case3的Pareto最优解集合中,究其原因也是这两个个体在夏季的目标函数为负值,不满足case3的约束条件的限制。因此,约束条件的设定对于最优化搜索结果具有很大的影响。

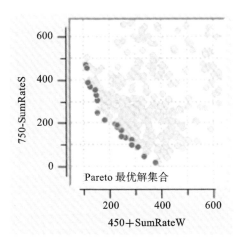

图 5.32　目标函数之间的权衡关系(trade-off)

表 5.8　Pareto 最优解集合(20 个解)(夏季的风速变化量由高到低排列)

顺位	第 1 位	第 2 位
目标 函数	731.50(夏季) −74.54(冬季)	700.48(夏季) −118.84(冬季)
Pareto 最优解		
顺位	第 3 位	···
目标 函数	658.12(夏季) −144.16(冬季)	··· ···
Pareto 最优解		···

顺位	第 19 位	第 20 位
目标函数	294.63(夏季) −337.68(冬季)	278.29(夏季) −343.28(冬季)
Pareto 最优解		

四、本节小结

①通过居住区中架空层最优化布局的单目标优化与多目标优化案例的研究,可以看出随着最优化搜索过程的开展,目标函数的总体走向均迅速地趋向于各案例的设计目标,说明了遗传算法最优化设计方法的有效性。

②相对于单目标优化问题具有单一的最优解而言,在多目标的优化问题中,如果目标函数之间存在权衡关系,则最优解并不唯一,而是 Pareto 最优解集合。在这个集合中的任何一个解均是在某个妥协条件下的最优解。设计人员与决策者可以在这个 Pareto 最优解集合中根据相应的折中条件进行权衡,并选择与折中条件相对应的最优解。

第五节　多目标优化视角下的树木最优配置问题

一、概述

在本章的第二节中,以夏季街区室外微气候的热舒适优化为目标,利用遗传算法(GA)和辐射对流耦合模拟对树木最优配置进行了研究。但树木配置的作用不仅在于微气候改善等环境工程学角度,景观与经济等视角同样不能被忽视。因此，在对树木进行最优配置研究时，有必要进行多目标最优化。

本节从景观、街区微气候、经济性等因素出发，对树木配置的多目标最优化问题进行了探讨。

二、最优化问题的设定

1.设计目标

本研究综合考虑景观、街区微气候、经济性等因素，通过对道路的行道树进行优化配置，实现街区微气候优化。

2.研究对象

以图 5.33 所示的街区模型为研究对象。街区模型被设定为由相同体型的建筑所构成的均质高层建筑街区。本研究对其中用红色粗实线表示的建筑周边人行道处种植的行道树进行最优配置的探讨。

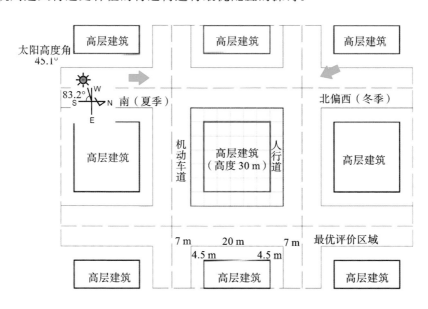

图 5.33　街区模型

3.设计变量

(1)树木的配置

图 5.34 表示建筑周边人行道附近行道树的配置位置。每侧人行道配置 8 棵行道树,共计配置 32 棵行道树。

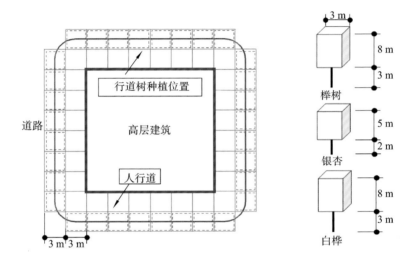

图 5.34　树木模型与配置位置

(2)树木的数量

在行道树的数量不固定的情况下,配置 0~32 棵行道树来满足设计目标要求。

(3)树木的种类

假设行道树的树种为 2 类、3 种,分别是银杏(落叶树)、榉树(落叶树)和白桦树(常绿树)。图 5.34 显示本研究设定的行道树模型。三种行道树的价格分别设定为:银杏 2.0 万日元/棵,榉树 1.1 万日元/棵,白桦树 1.7 万日元/棵。另外,树木模型采用了笔者开发的模型。三个树种的叶面积密度分别被设定为:银杏 0.97,榉树 0.73,白桦树 4.0。三个树种的树冠阻力系数设定为 0.2,耗散系数设定为 0.6,模型系数 C_{pe1} 设定为 2.0。在冬季,作为落叶树的银杏和榉树的叶面积密度为 0。

4.气象条件

东京 7 月 23 日下午 3 点作为模拟日时。太阳高度角为 45.1°,风向为南,风速为 3.0 m/s(高度为 74.6 m),气温和相对湿度分别为 31.6 ℃ 和 58%。此外,为了研究行道树种类对夏季和冬季的街区环境产生何种影响,进行了冬季 CFD 模拟。冬季风向设定为北偏西,风速为 3.4 m/s(高度 30 m)。

5.目标函数

在本研究中,主要关注街区微气候、景观和经济性等方面的内容。因此,对设计目标的量化评价从以下三个方面展开。

(1)街区微气候

以夏季街区微气候优化为设计目标。相比于基本工况(没有配置行道树的工况),通过配置行道树,使人行道部分的 SET* 产生变化,因此,对 SET* 的降低量,即夏季街区微气候的改善程度来进行最优评价。

$$F_{EnS} = \sum \{B_j - D_j\} \tag{5.4}$$

式中:F_{EnS} 为夏季街区微气候评价指标;B_j 为基本工况(没有配置行道树时)j 点的 SET* 值;D_j 为人行道配置行道树时 j 点的 SET* 值。

此外,考虑到冬季街区微气候的舒适性,设计目标是通过配置行道树来降低人行道上的风速。

$$F_{EnW} = V_{max} \tag{5.5}$$

式中:F_{EnW} 为冬季街区微气候评价指标;V_{max} 为人行道处的风速最大值。

(2)景观

在景观方面,本研究关注人行道部分在视觉上的开敞性与封闭性。同时,在冬季,常绿树与落叶树也将对开敞感产生影响。景观方面的目标函数通过将人行道部分的夏季和冬季天空率的平均值最大化来进行评价。

$$F_A = (\overline{F}_{Sky_S} + \overline{F}_{Sky_W})/2 \tag{5.6}$$

式中:F_A 为景观方面的目标函数;$\overline{F}_{Sky_S}$ 为夏季人行道处天空率的平均值;$\overline{F}_{Sky_W}$ 为夏季人行道处天空率的平均值。

(3)经济性

通过最小化所有行道树的价格来进行评价。

$$F_{Ec} = \sum \{n_t \times P_t\} \tag{5.7}$$

式中:F_{Ec} 为经济方面的目标函数;n_t 为配置行道树的数量;P_t 为配置行道树

的价格。

　　通过对上述最优化问题进行总结,表 5.9 说明了多目标最优化问题的概要。

表 5.9　多目标最优化问题概要

设计变量	行道树的位置:32 处		
	行道树的数量:0～32 棵		
	行道树的种类:落叶树(榉树、银杏) 常绿树(白桦)		
目标函数	与基本工况相比,通过配置行道树产生的 SET* 下降量	→	最大化
	冬季人行道处的最大风速	→	最小化
	人行道的天空率	→	最大化
	行道树的成本	→	最小化

三、结果分析与讨论

　　本研究设置了 4 个目标函数,因此,多目标最优化问题的解空间是四维空间。对于四维空间,难以通过图解来表达解的分布趋势。为了观察各个目标函数之间的关系,用散点图表示每两个目标之间的个体关系(图 5.35)。一般情况下,多目标最优化问题可以通过多个目标函数的最小化来表示,因此,在图 5.35 中将上述所有的目标函数转化为最小化。在夏季 SET* 的降低量与天空率、夏季 SET* 的降低量与树木成本、冬季最大风速与天空率、树木成本与冬季最大风速等目标函数之间可以看出明显的权衡关系。虽然其他目标函数之间未能清楚显示权衡关系,但由于这些关系都是从复杂的四维解空间投影到二维平面上的,因此可以认为这些目标函数之间存在明确的权衡关系。另外,表 5.10 中按照树木成本从高到低的顺序排列 Pareto 最优解。行道树的数量越多,人行道处夏季 SET* 的降低量越大,冬季的最大风速也越低,但天空率也随之降低,行道树的成本却随之增大。

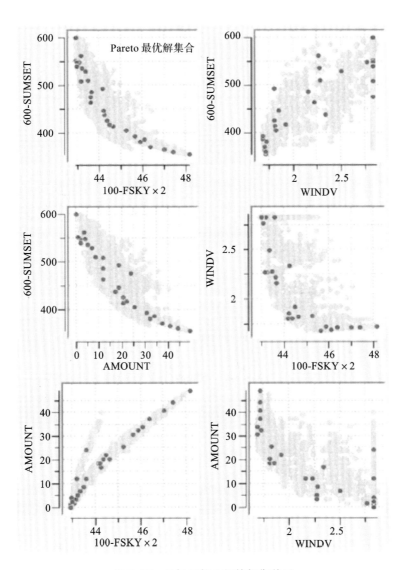

图 5.35　目标函数之间的权衡关系

表 5.10　Pareto 最优解（30 个）

No.1	No.2	No.3
行道树种类：白桦 行道树数量：29 棵	行道树种类：白桦 行道树数量：26 棵	行道树种类：白桦 行道树数量：24 棵
夏季 SET* 降低量：244.8 冬季最大风速：1.71 m/s 天空率：25.9% 行道树成本：49.3 万日元	夏季 SET* 降低量：239.8 冬季最大风速：1.71 m/s 天空率：26.3% 行道树成本：44.2 万日元	夏季 SET* 降低量：234.6 冬季最大风速：1.71 m/s 天空率：26.5% 行道树成本：40.8 万日元
· · ·	No.29	No.30
· · ·	行道树种类：榉树 行道树数量：1 棵	行道树种类：— 行道树数量：0 棵
· · ·	夏季 SET* 降低量：49.7 冬季最大风速：2.83 m/s 天空率：28.5% 行道树成本：1.1 万日元	夏季 SET* 降低量：0 冬季最大风速：2.83 m/s 天空率：28.6% 行道树成本：0

四、本节小结

①针对与街区微气候相关的行道树优化配置问题，结合景观、微气候、经济性等因素，探讨了基于多目标遗传算法（MOGA）的街区微气候最优化设计方法。

②有关景观、微气候、经济性等设计目标：针对夏季 SET* 降低量、冬季风速最大值、天空率、行道树成本等 4 个目标函数，发现各目标函数之间具有明显的权衡关系，并获得 Pareto 最优解集合。

第六节　本章总结

①本章采用第三章提出的街区微气候最优设计方法，针对室外环境构成要素与街区微气候最优设计进行了 4 个案例研究：树木的最优配置；建筑群的最优布局；架空层的最优布局；多目标优化视角下的树木最优配置问题。

②在树木最优配置的研究中，针对以街区微气候优化为设计目标的单目标最优化问题，树木的优化配置对街区微气候的改善效果得到确认。同时，最优个体与不良个体之间的热舒适性具有较大差异，说明树木配置的差异对街区微气候具有显著影响，有必要对树木的最优配置进行研究（第二节）。另一方面，在行道树优化配置设计过程中同时考虑景观、微气候、经济性等因素的多目标最优化问题，在 4 个目标函数之间发现了明显的权衡关系，并计算出 Pareto 最优解集合，设计者可以在 Pareto 最优解集合中选择满足设计需要的偏好解（第五节）。

③在建筑群最优布局的研究中，为了改善夏季街区微气候，在街区中通过建筑单元的体型和布局、建筑密度、街区朝向等设计变量的优化组合来确保街区空间内的自然通风。同时，在建筑群布局的最优搜索中，最优个体和不良个体之间的街区微气候具有显著差异，说明对建筑群最优布局的研究非常必要（第三节）。

④在对架空层最优布局的研究中，确认了架空层的最优布局对于改善

步行者高度的自然通风性能及改善夏季居住区室外微气候的效果。针对冬季架空层的布局导致冷风流入可能引起的令人不舒适的问题,研究了将夏季促进自然通风和冬季抑制冷风流入同时作为设计目标的多目标最优化问题,发现两个设计目标之间存在明显的权衡关系,并获得了 Pareto 最优解集合(第四节)。

本章参考文献

[1] 吉田伸治,大岡龍三,持田灯,等.樹木モデルを組み込んだ対流・放射・湿気輸送連成解析による樹木の屋外温熱環境緩和効果の検討[J].日本建築学会計画系論文集,2000:87-94.

[2] CHEN H,OOKA R,HARAYAMA K,et al. Study on outdoor thermal environment of apartment block in Shenzhen,China with coupled simulation of convection,radiation and conduction[J]. Energy and Buildings,2004(36):1247-1258.

第六章　江风渗透能力与街道轮廓形态优化

第一节　概　　述

　　既往研究表明城市水体对滨江街区的微气候具有重要的调节作用,使得滨江街区空间规划设计日渐引起重视。滨江街区中的主要街道作为城市通风廊道的重要组成部分,能显著提升街区内部空气流动的能力,同时还承载着将江面上方凉爽新鲜的空气引入滨江街区以缓解热岛效应的重大效用。街道的轮廓形态变化将会直接影响街道作为城市次级通风廊道所发挥的作用,因此研究不同街道轮廓形态对江风向街道内部渗透能力的影响,促使江风这一宝贵的天然冷却剂得到有效利用对改善街区的热环境具有重大意义。

　　本研究以参数化设计相关理论为基础,将遗传算法选取为进化算法支撑,在 Isight 软件运行框架下将常用的 CFD 模拟软件与建模软件相衔接,搭建一套行之有效的基于遗传算法的江风环境模拟优化设计平台,并且以表征空气中水蒸气扩散能力的江风透过率为最大时作为优化目标,对滨江街道轮廓形态进行优化设计。

第二节　基于 Grasshopper 的参数化优化设计平台

　　下文将介绍本研究优化平台中所选取的相关软件、软件运行流程。

一、构件优化设计平台的相关软件

1. 建筑模型生成软件

Rhinoceros 即 Rhino,中文名称为犀牛,是一款基于 NURBS 建模方式的三维建模软件,广泛运用于各专业领域,如工业制造、机械设计以及建筑设计等。该软件具有较好的软件兼容性,能实现与多种软件互相载入与导出,并且其建模的操作界面与操作方式同 SketchUp 和 AutoCAD 等常用的建筑设计软件类似。

此外,基于 Rhino 平台运行的插件 Grasshopper(以下简称 GH),是一种可视化编程语言,其能在 Rhino 环境下运行,同时由程序算法生成模型,如今已被广泛应用于数据化设计方面。GH 的优点在于:首先,GH 能通过算法程序的编写,按照算法进行大量具有逻辑性的重复性工作;其次,也可通过修改参数对方案进行调整,从而直接得到修改后的结果,大大提升工作效率。GH 运算模块主要分为两部分:参数和运算器。GH 具有丰富的二次插件,通过控制运算模块,从数据角度调整参数的输入,生成三维模型。因此,GH 可以看作 Rhino 的图示算法编辑器[1],能有效帮助使用者进行三维建模以及数据控制。因此本研究选取基于 Rhino 环境运行的 Grasshopper 软件平台作为街区优化设计平台。

2. 优化设计运算软件

如今建筑风环境设计已成为规划与建筑设计中受到关注的内容,同时伴随计算流体力学(CFD)模拟技术的发展,与 CFD 模拟技术相关的软件已广泛应用于规划与建筑设计相关领域中。但是现如今较为成熟的 CFD 分析软件与建筑设计常用的建模软件之间的衔接接口较为缺乏,而本研究的风环境优化设计中,CFD 模拟软件与优化设计平台中其他相关软件的接口是优化设计平台构建的核心。以往研究中,优化设计相关软件建立与支撑算法驱动的问题得以解决,是基于研究人员自行编程开发优化平台,但由于对计算机编程及相关语言的掌握不够,建筑从业者自行搭建优化设计平台的学习时间成本较高,学习难度大,优化设计平台难以在建筑设计相关行业得到普遍使用。因此本研究将选用 Isight 软件来实现相关软件集成,建立与本研究相适应的优化设计平台。

Isight 软件可实现整合集成软件框架中的各个软件,具备广泛的自编程序集成接口,无须人工操作情况下通过接口自动调用相关计算软件,如 ABAQUS、ANSYS 等。并且 Isight 优化设计模块带有多种先进可靠的进化算法,在设定合理的参数后,可实现软件自动计算寻优的过程。基于此,作为本研究的核心技术方法,Isight 能很好实现从建模、数值模拟等方面软件的集成以及后续优化计算,通过相应的 BAT 文件结合软件记录的用户日志,Isight 调用本研究中所使用的各个软件,驱动相应软件自动进行操作、计算与结果数据读取分析。

二、优化设计平台运行流程

本研究主要使用三维建模软件 Rhinoceros 及其插件 Grasshopper 对研究对象进行简化模型的建立,选用软件 ICEM 进行网格的划分,然后导入 CFD 模拟软件 Fluent 软件中,在设置边界条件后,进行 CFD 数值模拟得到模拟结果,同时启用软件记录相应操作过程的功能生成用户操作记录日志文件,后续计算时可直接调用该用户日志进行软件中重复性的操作。在优化设计阶段使用 Isight 软件作为优化平台,集成调用以上各个软件,实现建模、网格划分、模拟计算以及优化计算的自动化处理。优化设计平台运行流程示意图如图 6.1 所示。

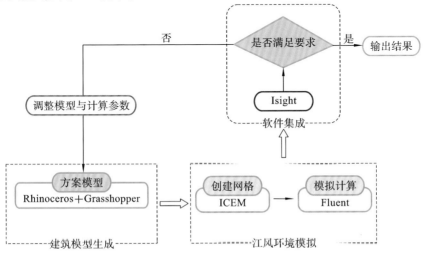

图 6.1 优化设计平台运行流程示意图

113

第三节　滨江居住街区街道轮廓形态分析

随着城市建设步伐的加快,城市竞争日渐激烈,城市设计引起当今国内外城市规划与建设相关领域广泛关注,城市设计已成为城市发展的关键因素之一,而街道设计是城市设计中重要管控部分。武汉作为住房和城乡建设部第二批批准的全国城市设计试点城市之一,于 2019 年出台《武汉市街道全要素规划设计导则》[2],以期提高城市公共活动空间品质,推动精细化街道设计。本节将关注武汉滨江街区中街道与街道两侧建筑的组合形式,总结研究范围内滨江街道轮廓形态特征,为后续模拟计算案例中街道形态设定提供依据。

一、街道样本选取

武汉主城区作为市域城镇体系核心,在带动城市发展与促进区域协调发展方面起着重要的枢纽和组织作用。主城区以城市三环线以内区域为主,包括局部外延的沌口、庙山和武钢地区,总面积约为 678 km²[3]。根据相关研究表明,江风向城市空间内部渗透距离为 1~2 km[3],因此选取武汉主城区距离长江周边约 2 km 范围内的居住街区进行街道切片,以期能获得滨江街区临街建筑与街道走向的关系,为后续设定模拟江风渗透情况的案例提供依据。图 6.2 为主城区范围内建筑肌理示意图(红色区域为距离长江 2 km 范围)。

由图 6.3、图 6.4 可看出,主城区滨江 2 km 范围内,居住用地较多,除居住功能外,汉口地区主要为金融商业服务功能用地,汉阳地区主要为文化旅游及生态居住用地,武昌地区主要为科教文化以及金融商务用地。根据街道走向,可将街道分为西北向和东南向街道、东北向和西南向街道、南北向街道、东西向街道。由于长江在武汉的流向为西南至东北向,而武汉依江而建,在研究范围内街道网络主要也是依江而展开,街道走向主要为与长江平行和与长江垂直。

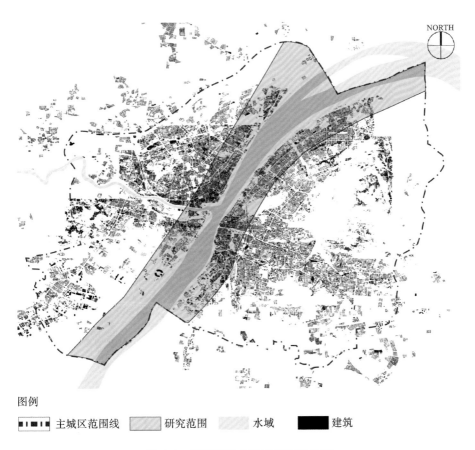

图例

┇┇┇┇ 主城区范围线　▨ 研究范围　▨ 水域　■ 建筑

图 6.2　研究范围内建筑肌理示意图

二、滨江居住街区街道轮廓形态切片

城市中的街道纵横密布,根据《武汉市城市总体规划(2010—2020 年)》关于主城区交通中城市道路红线宽度的规定:快速路为 40~65 m、主干路为 40~70 m,次干路宽度为 25~40 m,支路宽度为 15~25 m。结合本研究内容与规划用地图,考虑需将江风引入街区内部,主要选取研究范围内居住街区中与长江相对垂直的城市快速路、主干路、次干路的街道作为切片对象,部分街道切片片段如图 6.5 所示。

图 6.3　主城区范围内用地性质图

图 6.4　主城区范围内道路规划图

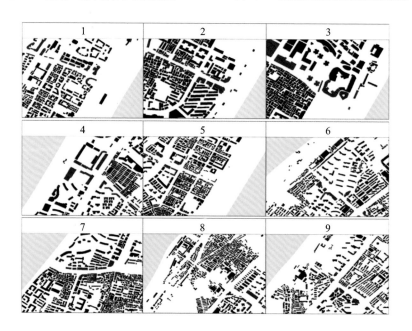

图 6.5　部分街道切片片段

结合图 6.2 和图 6.5 可以看出，研究范围内的街道主要是平行于长江或垂直于长江而展开的，也有部分街道与长江之间成一定的夹角。其中，与长江相垂直的街道中，沿街道两侧建筑（即街廓建筑）主要是面向街道布置的，同时也有部分街廓建筑山墙面与街道垂直。街廓建筑的平面形式主要以板式为主，也有少部分点式、围合式等其他形式。

第四节　试 验 设 计

试验设计（DOE）是数理统计的一个分支，主要用以探讨如何按照预定目标制定适宜的实验方案，并根据试验结果进行有效的统计分析，是一项科学、经济的试验技术。试验设计由英国学者费希尔（R. A. Fisher）于 20 世纪 20 年代首次提出，并运用在农业生产中[5]。自此试验设计方法在各行各业得到广泛发展，统计学家随之发现众多有效的试验设计技术。

一、正交试验设计

正交试验设计（orthogonal experimental design）是一种研究多因素、多水平的试验设计方法。当进行析因设计所需试验次数过多时，要求从中选取一批具有代表性的水平组合进行试验，因此就需要开展分式析因设计，而正交试验设计是一种主要的分式析因设计，能协助非专业试验设计人员高效科学地开展试验工作。20 世纪 50 年代，日本知名统计学家田口玄一依据试验优化规律提出"正交表"概念，即将正交试验选择的水平组合表格化，以概率论与数理统计为基础，筛选具有代表性的试验点开展试验，此种方法的正交试验具备均衡分散性和整齐可比性[6]。由于该方法深入浅出、简便直观，被广泛运用于各学科专业研究中。此外，正交试验不仅可根据正交表获取各因素的水平组合，还可在后续研究中对试验结果进行主因素分析，以判定各因素对试验结果的影响程度。

二、试验设计流程

本研究的试验目标为街区中目标街道的江风渗透能力，通过对街道轮廓形态以及街区风环境的相关领域研究的梳理，列举出潜在的与江风渗透能力相关的街道轮廓形态设计因素，依据因素个数与水平选取对应的正交表，进行正交试验设计。由于 Isight 软件包含正交试验板块，因此运用前文已搭建的软件集成平台进行案例模拟,完成正交试验。然后运用数理统计软件 SPSS 对试验数据进行统计分析,对各因素与试验目标进行相关性与方差分析,得出与试验目标相关性较高的因素,从而开展后续优化设计。具体的试验设计流程示意图如图 6.6 所示。

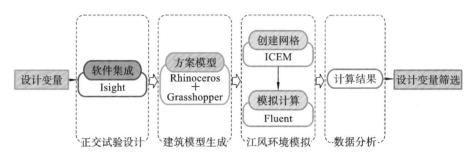

图 6.6   基于软件集成平台的试验设计流程示意图

三、案例设定

1.街道模型基本设置

由前文关于滨江街区街道切片分析可知,街道两侧建筑主要沿街布置,并面向街道。本章研究目标为江风向街道内部渗透的能力,考虑周边城市建筑环境对目标街道空间风环境和空气含湿量也会产生影响,因此除街道两侧建筑以外,分别设置 4 列 9 排建筑单体作为周边环境建筑,共同形成基准模型,如图 6.7 所示,街道总长为 460 m。

2.数值模拟方案及边界条件设定

考虑城市水体对周边环境微气候的影响范围,因此在实际模拟中,沿垂直于江面方向依次设置了三个相连的基准模型。为最大限度减少周边建筑的影响,研究目标区域位于模型中轴线上,同时在模型正南向 250 m 处加建 500 m 宽的江面,以便更直观地分析目标区域江风渗透能力的变化情况。结合前文实测模拟验证以及室外风环境模拟准则,模型计算域设置为:江面距流入边界为 $6H$,模型距流出边界为 $30H$,与对称边界距离为 $6H$,计算域高度为 $6H$,其中 H 表示计算模型中最高建筑高度。计算模型示意图如图 6.8 所示。

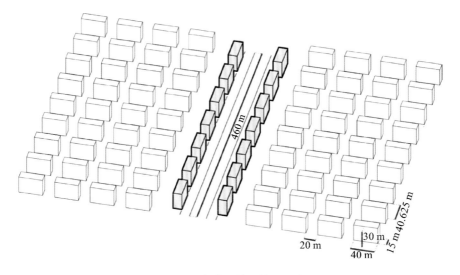

图 6.7　正交试验基准模型示意图

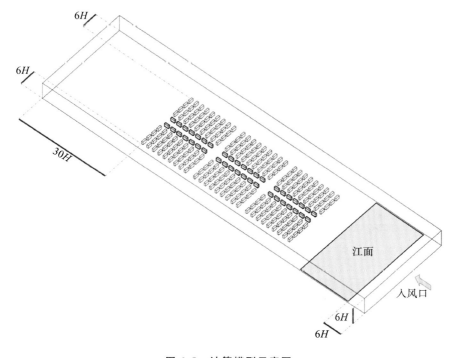

图 6.8　计算模型示意图

本章滨江街区街道轮廓形态对江风向街道内部渗透情况影响的相关模拟研究中,不考虑景观与树木的影响,风向为南向。在 CFD 模拟中,网格划分的大小、质量、数量等方面对数值模拟的精度以及时间会产生重要影响。本研究中将目标区域网格尺寸设置为 2 m,边界条件与参数设定同实测模拟验证中保持一致,选取非结构化网格进行网格划分,采用标准 k-ε 模型和 SIMPLE 算法,以 10^{-4} 为收敛条件,具体参数设置如表 6.1 所示。

表 6.1　模拟边界条件设置

项目	设定条件	设定数值及说明
湍流模型	标准 k-ε 模型	——
流入边界	Inlet	$U = U_0 \times (\dfrac{Z}{Z_0})^{0.25}$
		$U_0 = 2 \text{ m/s}, Z_0 = 10 \text{ m}$
		$k = 1.5(I \times U_0)^2, I = 0.1$
		$\varepsilon = C_u k^{3/2}/l$
		$l = \dfrac{4 \ (C_u)^{0.5} \ Z_0 \ Z^{0.75}}{U_0}$
		Specified Value $= 19.21$
流出边界	Outflow	——
侧面边界	Symmetry	
顶面边界	Sky	Free slip
地面边界与建筑物表面	Wall	No slip
江面	Wall	根据实测获取的含湿量设置,Specified Value $= 21.01$

3. 计算变量设定

根据对相关研究归纳分析,筛选出街廓建筑面宽、街廓建筑山墙间距、街廓建筑高度、街廓建筑底层架空高度、街廓建筑错列距离以及街廓建筑界面最小宽度等 6 个与街道轮廓形态量化指标、街道风环境相关的设计变量,进行正交试验,其中街廓建筑界面最小宽度包含街道宽度与街道两侧街廓建筑按建设法规规定退让的道路红线距离。

①街廊建筑界面最小宽度：r。

②街廊建筑高度：bh。

③街廊建筑底层架空高度：h。

④街廊建筑面宽：w。

⑤街廊建筑山墙间距：d。

⑥街廊建筑错列距离：xd。

4.目标函数设定

本研究的目标是探讨不同街道轮廓形态对江风渗透能力的影响，因此本书运用江风透过率（WPR）来表征江风渗透能力，考虑到本书研究的主要是由道路空间（人行道与车行道）、临街道两侧的街廊建筑以及街廊建筑山墙间距三者共同组合所限定的街道空间，其中街道轮廓形态主要由街廊建筑界定。因此笔者分别选取了中间街道空间、包含街廊建筑的街道空间两个目标区域（如图 6.9 所示），以此分析各设计变量分别对不包含街廊建筑区域和包含街廊建筑区域两个街道空间的江风渗透性能的影响程度。为了综合反映目标区域的江风渗透能力，在此基础上提出使用研究区域内平均江风透过率（$\overline{\text{WPR}}$）作为目标函数，其计算公式如下：

$$\overline{\text{WPR}} = \frac{\overline{d} - D_\text{b}}{d_0 - D_\text{b}} \times 100\% \qquad (6.1)$$

式中：$\overline{\text{WPR}}$ 为平均江风透过率（%）；$\overline{d}$ 为研究区域的面积加权平均空气含湿量，单位为 g/kg；d_0 为城市背景点的空气含湿量，本章以模拟设定值 19.21 g/kg 计算；D_b 为江面背景的空气含湿量，江面以上高度为 1.5 m 处空气含湿量，本研究以 21.01 g/kg 计算。

四、正交试验计算

1.正交表

根据筛选的 6 个设计变量，每个设计变量对应三个水平（"水平"为正交试验中的专业名词，三个水平表示每个因素对应高、中、低三个选值级别）。各个设计变量之间没有明显的客观相互作用，彼此取值互不影响。因此，如果选择穷举法进行案例个数的设定，则需要进行 3^6 组（729 组）案例试验。本

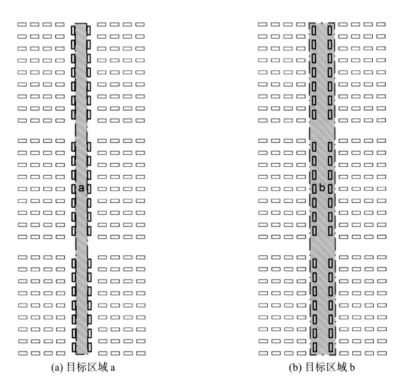

(a) 目标区域 a   (b) 目标区域 b

图 6.9　目标区域示意图

研究选择 L27 正交表进行试验,共需进行 27 组案例试验。结合相关建设法规与设计经验,选择各因素常见的平均值作为各水平中间值,以上下较小波动作为各个水平高低取值,如表 6.2 为本次正交试验各因素各水平取值。表 6.3 为本次 27 组试验设计正交表。

表 6.2　各变量水平取值表

变量名称	编号	单位	水平取值		
			1	2	3
街廓建筑底层架空高度	h	m	0	3	6
街廓建筑高度	bh	m	30	45	60
街廓建筑界面最小宽度	r	m	40	60	80
街廓建筑面宽	w	m	30	50	70

续表

变量名称	编号	单位	水平取值		
			1	2	3
街廓建筑山墙间距	d	m	15	25	35
街廓建筑错列距离	xd	m	0	7.5	15

表 6.3　L27 正交试验设计表

案例编号	街廓建筑底层架空高度 h/m	街廓建筑高度 bh/m	街廓建筑界面最小宽度 r/m	街廓建筑面宽 w/m	街廓建筑山墙间距 d/m	街廓建筑错列距离 xd/m
1	0	30	40	30	15	0
2	0	30	40	30	25	7.5
3	0	30	40	30	35	15
4	0	45	60	50	15	0
5	0	45	60	50	25	7.5
6	0	45	60	50	35	15
7	0	60	80	70	15	0
8	0	60	80	70	25	7.5
9	0	60	80	70	35	15
10	3	30	60	70	15	7.5
11	3	30	60	70	25	15
12	3	30	60	70	35	0
13	3	45	80	30	15	7.5
14	3	45	80	30	25	15
15	3	45	80	30	35	0
16	3	60	40	50	15	7.5
17	3	60	40	50	25	15
18	3	60	40	50	35	0
19	6	30	80	50	15	15
20	6	30	80	50	25	0

案例编号	街廓建筑底层架空高度 h/m	街廓建筑高度 bh/m	街廓建筑界面最小宽度 r/m	街廓建筑面宽 w/m	街廓建筑山墙间距 d/m	街廓建筑错列距离 xd/m
21	6	30	80	50	35	7.5
22	6	45	40	70	15	15
23	6	45	40	70	25	0
24	6	45	40	70	35	7.5
25	6	60	60	30	15	15
26	6	60	60	30	25	0
27	6	60	60	30	35	7.5

2. 正交试验计算结果分析

将正交表中各案例导入 Isight 软件中,运用前文建立的软件集成平台进行正交试验计算,将 27 个试验案例目标区域 a 和目标区域 b 的计算结果进行整理,如表 6.4 所示。

表 6.4 L27 正交试验计算结果

案例编号	目标区域平均江风透过率 $\overline{WPR}/(\%)$	
	a	b
1	29.83	29.00
2	28.49	28.05
3	27.41	26.87
4	32.72	31.68
5	30.86	30.03
6	30.01	28.70
7	29.15	28.68
8	31.89	31.09
9	26.46	25.41
10	30.43	29.39
11	32.26	30.93

续表

案例编号	目标区域平均江风透过率$\overline{\text{WPR}}$/(%)	
	a	b
12	29.37	28.72
13	31.65	30.12
14	28.62	27.51
15	28.35	27.67
16	31.15	30.44
17	30.22	29.15
18	31.55	30.62
19	30.31	29.05
20	28.14	27.85
21	26.50	26.33
22	28.62	27.76
23	30.42	29.60
24	29.84	29.30
25	29.48	28.07
26	29.18	28.41
27	29.91	28.90

根据正交试验计算结果,分别运用极差分析和方差分析两种方法,分析各设计变量对结果的影响程度,以此评估对街道江风渗透能力影响程度较大的设计变量。

(1)极差分析

极差分析法是正交试验设计分析中常用的方法之一。极差,也被称作范围误差或全距(range),以 R 表示,是用以描述一组数据离散程度的测度值,由最大值与最小值相减所得。因此,极差分析法也简称 R 法,包含计算与判断两部分,运用极差分析可较为直观地得出此次试验的主次影响因素。

根据设计变量对目标区域 a 与目标区域 b 中 1.5 m 高度处的平均江风透过率极差分析,将各设计变量的影响排名表示在表 6.5 中。

表 6.5　各设计变量计算结果极差与极差排名

设计变量	因变量			
	1.5 m 高度处的平均江风透过率			
	目标区域 a		目标区域 b	
	R_j	R_j 排名	R_j	R_j 排名
街廊建筑底层架空高度 h/m	1.25	3	1.03	4
街廊建筑高度 bh/m	0.93	5	0.69	6
街廊建筑界面最小宽度 r/m	1.46	2	1.24	2
街廊建筑面宽 w/m	0.95	4	1.03	4
街廊建筑山墙间距 d/m	1.55	1	1.30	1
街廊建筑错列距离 xd/m	0.81	6	1.13	3

①从 6 个设计变量对中间街道空间(目标区域 a)的平均江风透过率的影响排名可以得出,影响程度较大的变量有街廊建筑山墙间距 d、街廊建筑界面最小宽度 r 以及街廊建筑底层架空高度 h。剩下的 3 个设计变量对目标区域 a 的平均江风透过率影响程度相对较小,且极差值差异性较小。

②街道空间包含临街建筑范围(目标区域 b)的平均江风透过率受 6 个设计变量的影响排名中,影响程度较大的有街廊建筑山墙间距、街廊建筑界面最小宽度、街廊建筑错列距离、街廊建筑底层架空高度以及街廊建筑面宽 5 个设计变量,并且 5 个设计变量的极差计算值差异不大,其中街廊建筑底层架空高度与街廊建筑面宽的影响程度一致。而街廊建筑高度对目标区域 b 的平均江风透过率影响程度明显低于其他 5 个变量。

③在正交试验中,最佳设计变量组合为:街廊建筑底层架空高度为 3 m、建筑高度为 45 m、街廊建筑界面最小宽度为 60 m、街廊建筑面宽 50 m、街廊建筑山墙间距 15 m、街廊建筑错列距离 7.5 m。此时目标区域 a 和目标区域 b 中 1.5 m 高度平均江风透过率都为最大值,江风向街道内部渗透情况最佳。

根据极差分析可以看出各设计变量对两个目标区域 1.5 m 高度处的平

均江风透过率都有一定程度的影响，因此笔者接下来使用方差分析，进一步分析各设计变量影响程度的显著性。

（2）方差分析

方差分析（analysis of variance，ANOVA），同时也被称作"变异系数分析"，是由现代统计科学奠基人之一的英国著名统计与遗传学家 R. A. Fisher 提出的，常被用作分析比较两个及两个以上样本均数差别的显著性检验。在统计学相关领域中显著性又称统计显著性（statistical significance）。

根据设计变量对目标区域 a 与目标区域 b 中 1.5 m 高度处的平均江风透过率方差分析，各设计变量的 Sig. 值以及 Sig. 排名整理如表 6.6 所示，其中设计变量对应的 Sig. 值越小，则其排名越靠前，表示该设计变量对因变量的影响的可信程度越大。

表 6.6　各设计变量计算结果极差与极差排名

设计变量	因变量			
	1.5 m 高度处平均江风透过率			
	目标区域 a		目标区域 b	
	Sig.	Sig. 排名	Sig.	Sig. 排名
街廓建筑底层架空高度 h/m	0.077	3	0.109	5
街廓建筑高度 bh/m	0.196	5	0.316	6
街廓建筑界面最小宽度 r/m	0.038	2	0.047	2
街廓建筑面宽 w/m	0.034	1	0.041	1
街廓建筑山墙间距 d/m	0.099	4	0.091	4
街廓建筑错列距离 xd/m	0.281	6	0.052	3

①每个设计变量变化都会在一定概率对两个目标区域的 1.5 m 高度处的平均江风透过率产生影响。在统计学上，当某因素的 Sig. 值小于 0.05 时，可认为该因素对实验结果具有统计学意义上的显著性影响，基于此，得出对两个目标区域 1.5 m 高度的平均江风透过率产生显著性影响较大的设计变量为街廓建筑界面最小宽度 r、街廓建筑面宽 w。

②虽然街廓建筑底层架空高度 h、街廓建筑山墙间距 d 以及街廓建筑错列距离 xd 的 Sig. 值大于 0.05,但对于目标区域 a 而言,街廓建筑底层架空高度 h 以及街廓建筑山墙间距 d 对应的 Sig. 值小于 0.1,两个设计变量变化的影响概率至少为 90%;对于目标区域 b 而言,街廓建筑山墙间距 d 和街廓建筑错列距离 xd 的 Sig. 值小于 0.1,即这两个设计变量对目标区域 b 中 1.5 m 高度处平均江风透过率影响概率至少为 90%,街廓建筑底层架空高度 h 的 Sig. 值为 0.109,虽大于 0.1,但街廓建筑底层架空高度变化对目标区域 b 的 1.5 m 高度处平均江风透过率会产生影响的可信程度也有 89.1%。

结合街道空间两个目标区域的极差分析与方差分析结果,在后续街道轮廓形态优化设计中将重点关注与街廓建筑面宽以及街廓建筑界面最小宽度相关的设计变量,并可根据优化内容适当加入街廓建筑底层架空高度、街廓建筑山墙间距,以及街廓建筑错列距离。另一方面,街廓建筑高度对应街道两个目标区域的方差分析与极差分析中排名靠后,因此,在后续优化设计中不进行街廓建筑高度变化的探讨。

第五节　提升江风渗透能力的街道轮廓形态优化设计

本节将基于上述正交试验分析基础,在一定约束条件下,选取部分对江风渗透能力影响程度较大且与街廓形态量化指标相关的设计变量,运用前述的优化设计平台,以目标区域江风渗透能力最大为优化目标,配合遗传算法进行街道轮廓形态的优化设计。在此基础上,对最优搜索的解集合中优秀解集进行统计分析,整理归纳优秀解的共性特征,总结出利于江风在街道内部渗透的街道轮廓形态,提出利于江风渗透的滨江街区街道轮廓形态设计策略。

一、案例设定

1. 街道模型基本设置

本研究主要以街道两侧界面控制线距离为 60 m(包括街道宽度与两侧

街廓建筑按照道路退让规定后退的道路红线距离)的街道为基本研究对象,街道长度为 470 m,街道两侧沿街建筑地块个数共为 12 个,每侧地块个数为 6 个,相邻沿街地块间距保持 10 m,相邻街区内建筑与沿街建筑最小距离为 20 m。参照前文正交试验案例设定,进行优化设计基准案例的设置,如图 6.10 所示。

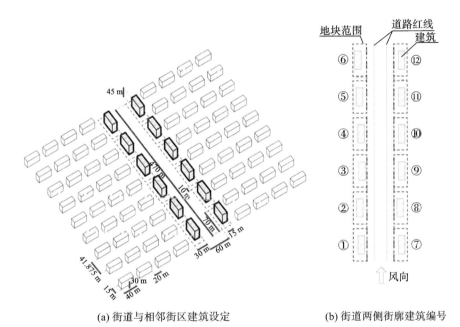

(a) 街道与相邻街区建筑设定　　　　(b) 街道两侧街廓建筑编号

图 6.10　最优化设计基准模型示意图

2.设计变量设定

基于前一节正交试验的结果,在一定约束条件下(例如街廓建筑沿街道方向的位置及个数保持不变等),选取部分对街道江风渗透能力影响较大的相关设计变量进行优化设计。在本节中最优化设计变量设定为:有底层架空的街廓建筑个数 n 以及街廓建筑底层架空高度 h、街廓建筑面宽 w、街廓建筑退让街道界面控制线距离 x。最优化设计变量设定如表 6.7、图 6.11 所示,约束条件如图 6.12 所示。

表 6.7 设计变量

设计变量名称	编号	单位	设定取值范围	备注说明
有底层架空的街廊建筑个数	n	个	0~12	每个街廊建筑有底层架空或不架空两种选择
街廊建筑底层架空高度	h_i	m	0,3~6	街廊建筑底层有架空和不架空两种情况,当不架空时取值为0,当架空时取值为3~6
街廊建筑面宽	w_i	m	30~70	—
街廊建筑退让街道界面控制线距离	x_i	m	0~15	通过改变退线距离从而改变街廊建筑界面宽度

注:i 表示对应地块编号,地块编号示意如图 6.10(b)所示。

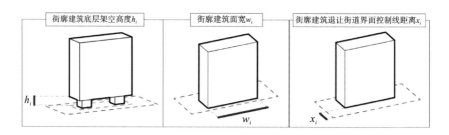

图 6.11 设计变量示意图

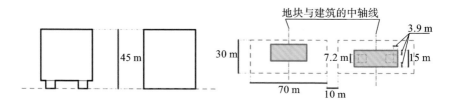

图 6.12 建筑的约束条件设定示意图

本研究设定的约束条件为:街廊建筑高度设定为 45 m;相邻地块间距设定为 10 m;街廊建筑中轴线与地块垂直于道路的中轴线保持一致,即街廊建筑沿街道方向不做位置的变化,仅在垂直于街道方向做退让变化;地块尺寸为 30 m×70 m;当街廊建筑中底层有架空时设置 7.2 m×7.2 m 的核心筒,且核心筒与建筑四边距离为 3.9 m。具体的约束条件设定如图 6.12 所示。

3. 目标函数设定

通过对不同街道轮廓形态的案例进行模拟计算，得到对应街道形态下空气中水蒸气含量的变化情况，选取目标区域（图 6.13）中的平均江风透过率 WPR 作为目标函数，以此量化评估江风渗透能力，本研究最优化设计目标为目标函数接近最大值。

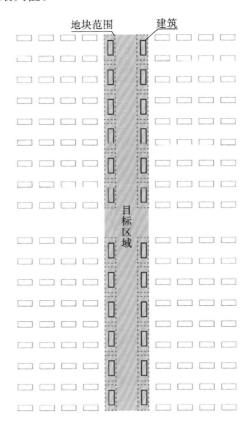

图 6.13　目标区域示意图

二、优化计算

经过二十代最优搜索（种群规模 100,10 个岛×10 个休），共计 2000 个个体的最优化搜索,目标区域平均江风透过率已趋于最大值,图 6.14 表示最优化搜索过程,其中横坐标代表个体的世代数,纵坐标代表目标区域平均江风透过率。从图 6.14 中可看出,伴随搜索过程的开展,模拟目标区域 1.5 m高度平均江风透过率从 0 至第 500 个体左右(即第 1 至第 5 世代)整体呈现逐步上升的趋势,最后计算结果整体逐渐趋于平稳。同时,搜索过程中会不断出现较大幅度的波动,是由遗传算法运行机制所导致,为防止类似"优质基因"被持续选择形成"近亲繁殖",在运行过程中会不时进行"基因变异",生成与"优质基因"差别较大的基因继续进行计算,从而保证"基因"的多样性,避免计算过早收敛。

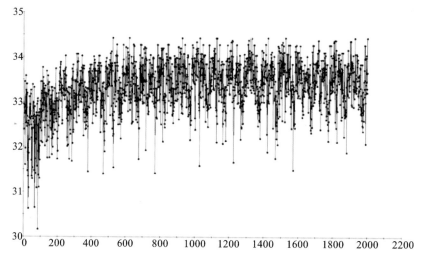

图 6.14 GA 最优搜索过程

根据搜索结果,将优化目标的值按照从大到小的顺序排序,为使分析样本满足一定的优秀度以及稀少度,选取优化目标排名前 40 的解集(图6.15)作为优秀解集进行分析。通过统计优秀解集中街道各位置街廓建筑设计变量以及对应的街道轮廓形态量化指标,总结利于江风向街道内部渗透的街道轮廓形态共性特征。

1.设计变量分析

本研究分别针对排位前 40、前 20,以及前 10 的优秀解集组中的沿街道

优化编号	h1	h10	h11	h12	h2	h3	h4	h5	h6	h7	h8	h9	w10	w11	w12	w2	w3	w4	w5	w6	w7	w8	w9	x1	x10	x11	x12	x2	x3	x4	x5	x6	x7	x8	x9	y
1929	5	0	0	6	0	4	0	0	0	4	0	0	70	69	34	47	30	38	48	43	54	62	54	54	12	9	4	2	9	5	10	2	10	4	9	34.43788889
1330	5	0	0	6	0	4	0	0	0	4	0	0	70	69	34	47	30	38	48	43	54	62	54	54	12	9	4	2	9	5	10	2	10	4	9	34.43061111
1818	4	0	0	6	0	3	5	0	6	0	0	0	49	63	58	44	66	60	47	69	60	64	44	52	5	11	4	5	7	4	6	14	4	5	8	34.38494444
1906	5	0	0	4	0	3	0	0	6	3	4	5	51	48	66	44	49	35	40	36	67	63	52	55	5	14	6	10	7	13	7	5	2	1	11	34.37283333
1902	5	0	0	4	0	3	0	0	6	3	4	5	51	48	66	44	49	35	40	36	67	63	52	55	5	14	6	10	7	13	7	5	2	1	11	34.36922222
1217	5	0	0	4	0	3	0	0	6	3	4	5	49	67	58	44	69	50	47	69	50	64	44	52	5	14	6	10	7	13	7	5	1	1	6	34.36488889
1806	5	0	0	4	0	3	0	0	6	3	4	5	52	48	66	44	49	35	40	36	67	64	52	55	5	14	6	10	7	13	7	5	1	1	6	34.34477778
1503	3	0	0	6	5	3	0	5	4	3	0	6	62	58	39	31	68	56	57	37	59	55	52	2	8	1	10	12	14	5	4	7	8	13	13	34.29633333
1550	0	0	6	5	3	0	3	0	5	4	3	0	62	58	39	31	68	56	57	37	59	55	52	2	8	1	10	12	14	5	4	7	8	13	13	34.28472222
1987	3	5	5	0	3	0	5	3	0	0	0	0	53	60	58	33	62	66	58	50	35	3	10	6	11	5	3	7	11	13	10	7	10	34.27933333
1781	3	5	0	0	3	0	5	3	0	0	0	54	62	51	39	70	68	33	62	64	58	50	35	3	10	6	11	5	3	7	11	2	10	7	34.27788889
1611	3	5	0	0	3	0	0	49	63	58	44	53	60	58	65	55	64	52	5	11	4	5	7	4	1	6	14	4	5	8	34.26722222
1583	3	5	0	0	3	0	0	0	53	62	51	39	70	68	33	62	64	58	50	35	3	10	6	11	5	3	7	11	2	10	7	34.260106667
650	0	0	6	5	3	0	3	0	5	4	3	0	62	58	39	31	68	56	57	37	59	55	52	2	8	1	10	14	14	5	4	7	8	13	13	34.2395
906	6	0	0	4	0	3	0	0	6	3	4	5	48	66	44	46	49	35	40	36	67	64	52	55	6	10	7	12	7	5	1	1	11	6	34.25255556
905	6	0	0	4	0	3	0	0	6	3	4	5	48	66	44	46	49	35	40	36	67	64	52	55	6	10	7	12	7	5	1	1	11	6	34.22711111
989	3	5	0	0	3	0	5	3	0	0	0	54	62	51	39	70	68	33	62	64	58	50	35	3	10	6	11	5	3	7	11	2	10	7	34.22094444
1487	3	5	5	0	3	0	0	0	53	62	51	39	70	68	33	62	64	58	50	35	3	10	6	11	5	3	7	11	2	10	7	34.22094444
1114	4	0	0	4	0	3	0	0	49	63	58	44	69	50	47	69	55	64	44	52	5	4	6	10	7	13	7	6	1	1	6	34.20494444
806	6	0	0	4	0	3	0	0	6	3	4	4	52	48	46	49	35	40	36	67	64	52	55	5	14	6	10	7	13	7	5	1	1	6	34.20411111
1008	6	0	0	4	0	3	0	0	6	3	4	4	52	48	44	46	49	35	40	36	67	64	52	55	6	10	7	13	7	5	1	1	11	6	34.19005556
704	6	0	0	4	0	3	0	0	6	3	4	5	48	44	46	49	35	40	36	67	64	52	55	6	10	7	13	7	5	1	1	11	6	34.18611111
813	4	0	0	6	0	3	0	0	49	63	58	44	61	60	47	69	55	64	44	52	5	4	6	1	6	14	4	5	8	34.17638889
1820	4	0	5	0	6	0	3	5	0	6	0	0	49	67	58	44	66	60	47	69	60	61	44	52	5	4	7	4	1	6	14	4	5	8	34.17272222
1888	3	5	0	0	3	0	5	3	0	0	0	54	62	51	39	70	68	33	62	64	58	50	35	3	10	7	11	11	19	4	5	8	34.17194444
1720	4	0	0	6	0	3	5	0	6	0	0	49	63	58	44	66	60	47	69	60	64	44	52	5	10	4	5	7	4	1	6	14	4	5	8	34.17083333
1488	3	5	0	0	3	0	5	3	0	0	53	62	51	39	70	68	33	62	64	58	50	35	3	10	7	11	5	3	7	11	2	10	7	34.15561111
807	6	0	0	4	0	3	0	0	6	3	4	5	52	48	46	49	35	35	40	36	67	64	52	55	6	10	7	12	7	5	1	1	11	6	34.13481111

图 6.15　部分优秀解集合

两侧的 12 个地块中的四个设计变量——有底层架空的街廓建筑个数、街廓建筑底层架空高度、街廓建筑面宽、街廓建筑退让街道界面控制线距离等进行分析,可发现优秀解中的设计变量具有一定的规律性,即有效的设计策略。

图 6.16 表示分别排位前 40、前 20,以及前 10 的优秀解集组中各设计变量平均值占比的扇形图。通过这个图,可以发现在优秀解集合中设计变量的较优取值范围与趋势。

①有底层架空的街廓建筑个数扇形图:街道中有 4~8 个街廓建筑会有底层架空,其中 6~7 个,即 50% 的街廓建筑个数占比最大,分析对应的平均架空高度扇形图可以得出底层平均架空高度取值范围为 3.6~4.9 m,其中 4~4.3 m 与 4.6~4.9 m 的占比最大。因此可认为街道中有 4~8 个街廓建筑底层架空为较优的解,其中 6~7 个街廓建筑底层架空优先度更大;同时当街廓建筑有底层架空时,其平均架空高度较为优秀的取值为 3.6~4.9 m,其中 4~4.3 m 与 4.6~4.9 m 的优先度更大。

②街廓建筑平均面宽扇形图:每组优秀解集街廓建筑面宽取值范围为 48~57 m,其中 50~53 m 的取值范围占比最大,并且随着解集数的减少,所占比重越大,到解集数为 10 时占比达到 70%,因此可认为街廓建筑平均面宽取值为 48~57 m 为本次优化较优秀的解,其中 50~53 m 的范围取值优先度更大。

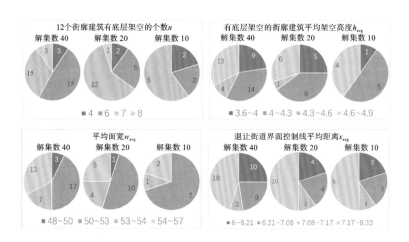

图 6.16 设计变量平均值占比的扇形图

③街廓建筑退让街道界面控制线的平均距离扇形图:每组优秀解集中街廓建筑平均退让街道界面控制线距离分布在 $6 \sim 8.33$ m,其中 $7.17 \sim 8.33$ m占比最大。因此可认为街廓建筑退让街道界面控制线的平均距离为 $6 \sim 8.33$ m时为本次优化设计中较为优秀的解,同时 $7.17 \sim 8.33$ m 范围内的取值优先度更大。

考虑到优秀解集合中位于不同区域的街廓建筑的设计变量的取值可能存在差异,为了探讨街廓建筑的设计变量取值与街廓建筑位置的相关性,针对优秀解集合中街道两侧 12 个街廓建筑的设计变量取值分别进行讨论,了解优秀解集中街道不同区域中街廓建筑的相应设计变量的取值倾向。

(1)有底层架空的街廓建筑个数 n 与街廓建筑底层架空高度 h_i

图 6.17 表示解集数为 40、20、10 的对应街道位置的街廓建筑底层是否架空的扇形图。图中上部的编号对应图 6.10(b)中的建筑位置编号。

①位于街道上风向区域的四个街廓建筑总体倾向于底层架空:其中位于迎风位置的 1 号和 7 号街廓建筑底层有架空的形式明显占比较大;位于 1 号街廓建筑后方的 2 号街廓建筑同样底层有架空的形式占比大;而与 2 号街廓建筑相对的街道另一侧的 8 号街廓建筑在解集数为 40 和 20 时底层不架空的形式占比较大,当解集数为 10 时底层有架空与不架空的形式占比一致。

②位于街道中段区域的四个街廓建筑总体倾向于底层不架空:其中 3

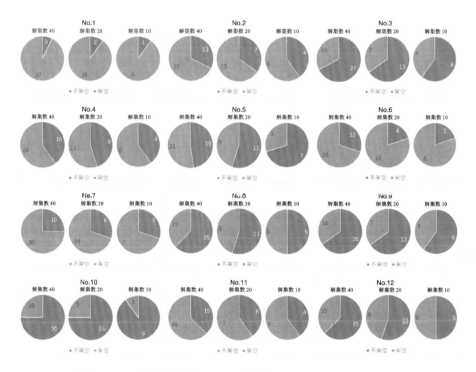

图 6.17　三个解集合中不同位置街廓建筑底层是否架空扇形图

号、9 号和 10 号街廓建筑在三个解集数中底层不架空的形式占比较大,而 4
号街廓建筑底层有架空的形式占比略高于不架空的形式。

③位于街道下风向区域的四个街廓建筑底层架空与否不明显:其中 5 号
街廓建筑在解集数为 40 时,底层架空的形式占比略高于底层不架空的形式,
当解集数为 20 和 10 时其底层不架空的形式占比又较大;街道另一侧与 5 号
街廓建筑相对的 11 号街廓建筑,底层架空形式占比较大;位于街道末端的 6
号、12 号街廓建筑中,6 号街廓建筑底层架空的形式占比明显较大,而 12 号
街廓建筑在解集数为 40 和 20 时底层不架空的形式占比较大,当解集数为
10 时底层架空与不架空的形式占比一致。

将上文 3 个不同优秀解集合中不同位置的街廓建筑底层架空高度取值
进行扇形图分析,了解不同位置的街廓建筑有底层架空时底层架空高度取
值倾向。其中 1 号至 6 号建筑同处街道一侧,7 号至 12 号建筑同处街道另

一侧。图中架空高度为 0 m 时表示街廓建筑底层为不架空的状态,如图 6.18所示。

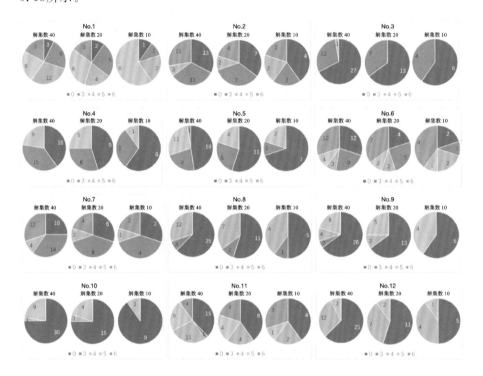

图 6.18   三个解集合中不同位置街廓建筑底层架空高度取值扇形图

街道各区域中当街廓建筑为架空形式时,每组优秀解集中不同区域的街廓建筑,其架空高度取值倾向不同,具体如下。

①位于街道上风向区域的四个街廓建筑由前文分析可知整体倾向于底层有架空的形式,其架空高度取值分布为:位于迎风位置的 1 号街廓建筑在解集数为 40 和 20 时,3~5 m 的架空高度占比较大,而当解集数为 10 时底层架空高度为 5 m 的占比明显较大;位于街道另一侧迎风位置的 7 号街廓建筑架空高度为 3 m 的占比较大;位于 1 号街廓建筑后方的 2 号街廓建筑在解集数为 40 和 20 时,其底层架空高度为 3 m 和 6 m 占比较大,当解集数为 10 时,发现其底层架空高度 3 m、4 m、6 m 的占比一致;当 8 号街廓建筑底层为架空形式时,4 m 的架空高度占比最大。

②位于街道中段区域的四个街廓建筑由前文分析可知总体偏向于底层不架空的形式,而有架空时,其取值分布为:3号和4号建筑底层架空高度为3 m时占比较大,9号和10号街廓建筑底层架空高度为5 m时占比较大。

③位于街道下风向区域的四个街廓建筑由前文分析可知整体是否架空的倾向不明显,对应街廓建筑有架空形式时架空高度取值分布为:5号街廓建筑底层架空高度为3 m和5 m占比较大;11号街廓建筑在解集数为40时,4～6 m的架空高度取值占比较大,但当解集数为10时,6 m架空高度占比较大;位于街道末端的6号街廓建筑架空高度为6 m的占比最大,对于12号街廓建筑,当有架空形式时4 m的架空高度占比最大。

(2)街廓建筑面宽 w_i

为了解每组优秀解集中街廓建筑面宽取值分布与取值倾向,将各位置的街廓建筑面宽在优化目标排名分别为前40、前20以及前10的优秀解集中的取值分布做扇形图分析,如图6.19所示。

①位于街道两侧上风向区域的四个街廓建筑面宽取值总体倾向于较大的取值,尤其是街道中位于迎风位置的街廓建筑:其中迎风位置1号街廓建筑面宽取值范围为45～70 m,其中取值范围为50～55 m的占比最大,街道另一侧迎风位置7号街廓建筑面宽取值范围为55～65 m,其中60～65 m的占比最大;2号街廓建筑面宽取值范围为30～35 m、45～55 m与65～70 m;8号街廓建筑面宽中取值范围为50～55 m的占比明显较大。

②位于街道中段区域的四个街廓建筑面宽取值倾向较为分散:3号街廓建筑面宽取值范围为35～40 m的占比最大,偏向于较小面宽值;街道另一侧与之相对的9号街廓建筑面宽取值范围为50～60 m占比较大,其中50～55 m的优先度较高;4号街廓建筑面宽取值范围40～50 m占比较大,街道另一侧与之相对的10号街廓建筑面宽取值范围中占比较大的为45～50 m与60～70 m,其中解集数为10时45～50 m的取值范围占比最大,因此45～50 m的取值范围优先度较高。由此可以得出靠近上风向区域的街道两侧相对的3号和9号街廓建筑面宽取值倾向相差较大,而靠近下风向区域的4号和10号街廓建筑面宽取值倾向较为接近。

③位于街道下风向区域的四个街廊建筑中：5 号街廊建筑面宽取值为 35～45 m 和 55～70 m，其中 35～40 m 的占比最大；街道另一侧与之相对的 11 号街廊建筑面宽取值范围为 30～35 m 和 50～70 m，其中 55～60 m 和 65～70 m 的占比较大，优先度较高；街道尾端的 6 号街廊建筑面宽在60～ 70 m范围取值占比最大，街道另一侧尾端 12 号街廊建筑面宽取值范围为 35～50 m，其中 40～45 m 取值范围占比最大。

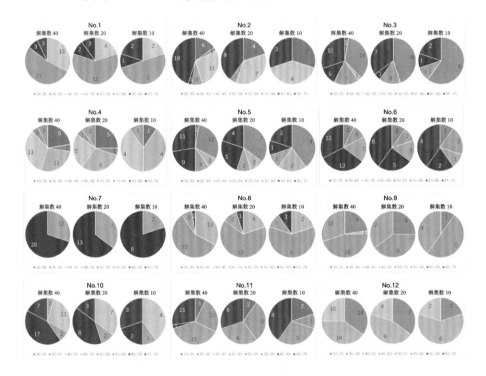

图 6.19　三个解集合中不同位置街廊建筑面宽取值扇形图

（3）街廊建筑退让街道界面控制线距离 x_i

为了分析优秀解集合中不同位置街廊建筑退让街道界面控制线距离取值倾向，将各位置的街廊建筑退让街道界面控制线距离在优化目标排名为前 40、前 20 以及前 10 的优秀解集中取值分布进行扇形图分析，如图 6.20 所示。

①位于街道上风向区域的四个街廊建筑退让距离中：位于迎风位置的 1

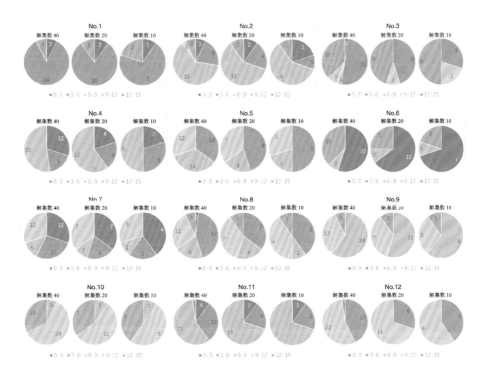

图 6.20　三个解集合中不同位置街廓建筑退让街道界面控制线距离扇形图

号街廓建筑退让街道建筑界面控制线距离范围为 $0\sim6$ m 和 $12\sim15$ m,其中 $3\sim6$ m 的退让距离占比最大,优先度最高;街道另一侧与之相对处于迎风位置的 7 号街廓建筑退让距离取值范围为 $0\sim12$ m,其中 $0\sim3$ m 的取值范围占比最大,优先度最高;而后排 2 号、8 号街廓建筑退让距离范围为 $0\sim15$ m,2 号街廓建筑退让距离在 $6\sim9$ m 范围内占比最大,而街道另一侧与之相对的 8 号街廓建筑退让距离在 $3\sim6$ m 和 $9\sim12$ m 范围内占比最大。

　　②位于街道中段区域的四个街廓建筑中:3 号街廓建筑退让距离为 $0\sim15$ m,其中 $3\sim6$ m 和 $12\sim15$ m 占比最大,但是在解集数为 10 时,$12\sim15$ m 取值占比最大,因此 $12\sim15$ m 内取值优先度最高;街道另一侧与 3 号街廓建筑相对的 9 号街廓建筑退让距离为 $6\sim15$ m,其中 $6\sim9$ m 内取值占比最大,优先度最高;后排 4 号和 10 号街廓建筑中,4 号街廓建筑退让取值范围为 $0\sim9$ m,其中 $6\sim9$ m 取值占比最大,优先度最高,街道另一侧与之相对的

139

10 号街廊建筑退让距离为 6~15 m,其中 9~12 m 占比最大,优先度最高。

③位于街道下风向区域的四个街廊建筑中:5 号街廊建筑退让距离为 3~12 m,其中 3~6 m 的占比最大,优先度最高,街道另一侧与之相对的 11 号街廊建筑退让距离为 0~9 m 和 12~15 m,其中 6~9 m 占比最大,优先度最高;处于街道尾端位置的 6 号街廊建筑退让距离为 0~3 m、6~9 m 和 12~15 m,其中 0~3 m 占比最大,优先度最高,街道另一侧与之相对的 12 号街廊建筑退让距离为 3~6 m 和 9~12 m,其中 9~12 m 占比最大,优先度最高。

在街廊建筑退让街道界面控制线后相邻街廊建筑错列程度方面,其取值的扇形图如图 6.21 所示。图中优秀解集合中每组相邻街廊建筑平均错列距离为 2.9~5.8 m,随着解集数的减少,其取值在 4.05~5.8 m 范围内的占比存在增大倾向,显示出相邻街廊建筑整体具有一定程度的错列退让街道界面控制线趋势。

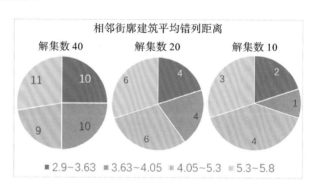

图 6.21 三个解集合中相邻街廊建筑平均错列距离取值扇形分布图

2.街道轮廓形态量化指标分析

本研究选取街道界面密度、空间通透率、近线率、整段街廊建筑界面相对偏离度,以及整段街廊建筑界面相对贴线率进行街道轮廓形态量化指标的分析。在排名前 40 的优秀解集中,各街道轮廓形态量指标设定的取值范围如下:界面密度为 0.38~0.89,空间通透率为 0.1~0.64,近线率为 0.8~1,整段街廊建筑界面相对偏离度为 2.14~3.21,整段街廊建筑界面相对贴线率为 1.16~2.25。

如图 6.22 所示,5 个街道轮廓形态量化指标在 3 个优秀解集合中分布如下。

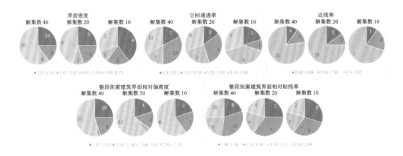

图 6.22　三个优秀解集合中街道轮廓形态量化指标取值扇形图

①界面密度:在 3 个优秀解集合中的取值范围为 0.62～0.73,在解集数为 40 和 20 时,取值范围 0.69～0.73 占比最大,而在解集数为 10 时,取值范围 0.62～0.65 占比最大,因此界面密度取值在 0.62～0.65 时优先度较高,0.69～0.73 的取值范围优先度次之。

②空间通透率:在 3 个优秀解集合中的取值范围为 0.3～0.41,在解集数为 40 和 20 时,0.33～0.35 和 0.38～0.41 这两个取值范围占比最大,而当解集数为 10 时取值范围为 0.35～0.38 的占比最大,因此,空间通透率取值在 0.35～0.38 时优先度较高,0.33～0.35 和 0.38～0.41 的取值范围优先度次之。

③近线率:在 3 个优秀解集合中取值范围为 0.88～0.91,其中 0.90～0.91 的取值范围占比最大,因此近线率的取值在 0.90～0.91 范围内时优先度较高。

④整段街廓建筑界面相对偏离度:当解集数为 40 和 20 时取值范围为 2.57～2.74,当解集数为 10 时取值范围为 2.57～2.64 和 2.65～2.74,而三个解集数中,2.65～2.74 的取值范围占比最大,因此,整段街廓建筑界面相对偏离度取值范围为 2.65～2.74 时优先度较高。

⑤整段街廓建筑界面相对贴线率:在 3 个优秀解集合中的取值范围为 1.48～1.64,当解集数为 40 和 20 时,1.56～1.58 的取值范围占比最大,而解集数为 10 时取值范围为 1.48～1.58 的占比较大,因此,整段街廓建筑界

面相对贴线率的取值范围为 1.48～1.58 的优先度较高。

三、优化结果分析

表 6.8、表 6.9 分别表示本研究中 4 个街廓建筑设计变量及 5 个街道轮廓形态量化指标优秀解集合取值表。

表 6.8　街廓建筑设计变量优秀解集合取值表

变量名称	街廓建筑底层架空个数 n/个	街廓建筑中有底层架空的平均架空高度 h_{avg}/m	街廓建筑平均面宽 w_{avg}/m	街廓建筑平均退让街道界面控制线距离 x_{avg}/m
设计变量取值范围	0～12	3～6	30～70	0～15
优秀解取值范围	4 与 6～8	3.6～4.9	48～57	6～8.33
最优值	4	4.75	50.25	6.83

表 6.9　街道轮廓形态量化指标优秀解集合取值表

指标名称	界面密度	空间通透率	近线率	街廓建筑界面相对偏离度	街廓建筑界面相对贴线率
设计变量取值范围	0.38～0.89	0.1～0.64	0.8～1	2.14～3.21	1.16～2.25
较优取值范围	0.62～0.73	0.33～0.41	0.89～0.91	2.57～2.74	1.48～1.64
最优取值	0.64	0.37	0.89	2.63	1.58

①街廓建筑底层架空：街廓建筑底层架空个数整体适中或偏少，街道平均江风透过率为较优取值时，街道中有 4 个或 6～8 个街廓建筑有底层架空，其中 6～7 个街廓建筑底层架空时占比最大。当街道区域平均江风渗透率为最优值时，街道中共有 4 个街廓建筑有底层架空，其余 8 个街廓建筑为不架空形式。当街廓建筑有底层架空形式时，其底层架空高度平均取值偏向于 3.6～4.9 m。

此外对街道不同区域街廓建筑底层架空情况分析可得：位于街道迎风位置和街道末端的街廓建筑可适当设置架空高度，街道上风向与下风向区域街廓建筑底层架空高度优秀解集的取值范围较广;位于街道中间区域的街廓建筑底层架空高度取值范围较小,更加倾向于底层不架空。

②街廓建筑平均面宽分布:街廓建筑平均面宽取值偏向于 48~57 m,其中当街廓建筑平均面宽为 50.25 m 时,街道平均江风透过率最优。此外根据街道不同区域街廓建筑面宽取值分析可得:位于街道迎风位置的街廓建筑面宽偏向于较大取值;位于街道中间区域的街廓建筑面宽优秀解集取值范围较为集中,偏向于面宽设定取值范围的中间区域;位于街道尾端的街廓建筑面宽优秀解集的取值范围也相对集中,且街道一侧偏向于取值范围上限值而街道另一侧偏向于取值范围下限值。

③街廓建筑平均退让街道界面控制线距离:街廓建筑平均退让距离偏向于 6~8.33 m,街廓建筑整体退让距离适中,说明当街道两侧界面控制线为 60 m 时,街道两侧街廓建筑相对界面宽度并非越大越好,而是在一定区域范围内更有利于江风向街道内部渗透。其中当街廓建筑平均退让距离为 6.83 m 时,街道江风透过率为最优值。对于街道不同区域的街廓建筑退让距离可知,各个街廓建筑都有退让街道界面控制线,但其中较少有街廓建筑采取较大的退让距离。

④街道轮廓形态的量化指标统计分析:当街道江风透过率为最优值时,界面密度的取值为 0.64,空间通透率的取值为 0.37,近线率的取值为 0.89,整段街廓建筑界面相对偏离度为 2.63,整段街廓建筑界面相对贴线率为 1.58。其中街道江风透过率为相对较优值时,5 个街道轮廓形态量化指标取值集中于某一区间,其中界面密度可视 0.62~0.73 为其较优取值范围,空间通透率可视 0.33~0.41 为其较优取值范围,近线率可视 0.89~0.91 为其较优取值范围,整段街廓建筑界面相对偏离度可视 2.57~2.74 为其较优取值范围,整段街廓建筑界面相对贴线率可视 1.48~1.64 为其较优取值范围。因此说明在本章优化案例设定条件下,街道轮廓形态量化指标在某一区间内取值将更有利于街道江风渗透,其中界面密度趋于取值范围的上限,空间通透率、近线率、整段街廓建筑界面相对偏离度的取值趋于取值范围的中间区域,整段街廓建筑界面相对贴线率的取值更加偏向于取值范围的中间偏下限的区域。

第六节　本 章 总 结

本章主要构建江风渗透模拟优化平台,通过设定街道两侧每个街廓建筑对应的建筑面宽、底层架空,以及退让街道建筑界面控制线距离等3个方面的设计变量,以目标区域江风渗透能力最大为最优化目标,对不同街廓建筑设计参数组合形式下的街廓形态进行单目标优化设计。根据优化结果选取较为优秀的解集合中位于街道不同区域的街廓建筑设计变量的取值分布,统计每组优秀解集合街道两侧街廓建筑各设计变量的平均值分布。同时,针对获得的优秀解集合,统计对应街道中能用以描述街道轮廓形态的5个量化指标——界面密度、空间通透率、近线率、整段街廓建筑界面相对偏离度以及整段街廓建筑界面相对贴线率的取值分布,以此为基础总结利于江风向街道中渗透的街道轮廓形态的共性特征。

①街道两侧的街廓建筑设计参数平均取值较为集中,街廓建筑平均面宽更加偏向于中等偏大的取值。有利于江风渗透的街道轮廓建筑可适当设置部分底层架空的形式,但总体不宜过多,其中位于街道迎风位置的街廓建筑更倾向于选择底层架空的形式。当街廓建筑有底层架空时,由平均架空高度分布得出,底层偏向于较大的架空高度。街廓建筑整体有一定程度的退让街道界面控制线,但整体取值倾向于中等大小,除个别街廓建筑偶有较大距离的退让,说明街道建筑界面相对宽度,即由街道两侧街廓建筑限定的街道宽度并非越大越有利于江风渗透。

②处于街道不同区域的街廓建筑对应设计参数较优秀取值较为分散,其取值范围不同,难以获取较为统一的优秀取值范围。如街道迎风位置的街廓建筑倾向于更大的面宽及底层架空的情形;位于街道中间区域的街廓建筑面宽取值大小较为中等,底层趋向于不架空的形式,退让距离较为适中;位于街道尾端街廓建筑可适当设置底层架空,趋向于较大或较小的退让距离。因此在进行实际项目的深入设计时还需结合实际情况进行相应的取舍。

③利于江风渗透的街道轮廓形态量化指标分布较为集中。界面密度趋

向于较大的取值,说明街道空间围合度较高的街道轮廓形态更有利于江风向街道内部渗透;空间通透率、近线率、整段街廓建筑界面相对偏离度取值较为适中;整段街廓建筑界面相对贴线率的取值也相对适中,但略偏向于取值范围中较小的取值,说明街道街廓建筑可适当在街道界面控制线基础上作退让,增加由街廓建筑限定的街道宽度。

本章参考文献

［1］　张家驹.基于遗传算法的建筑物理性能优化的精英基因类型研究［D］.武汉:华中科技大学,2018.

［2］　武汉市自然资源和规划局.武汉市城市街道全要素规划设计导则［EB/OL］.(2019-06-28)［2021-12-15］.http://zrzyhgh.wuhan.gov.cn/zwgk_18/zcfgyjd/gtzyl/202111/t20211126_1860372.shtml.

［3］　武汉市自然资源和规划局.武汉市城市总体规划(2010—2020 年)［EB/OL］.(2011-11-30)［2021-12-15］.http://zrzyhgh.wuhan.gov.cn/zwgk_18/fdzdgk/ghjh/zzqgh/202001/t20200107_602858.shtml.

［4］　李秉璋.江风利用视角下滨江街区空间控制性设计策略研究——以武汉市滨江居住街区为例［D］.武汉:华中科技大学,2016.

［5］　钟国栋.基于性能驱动的建筑环境优化设计方法研究［D］.华中科技大学,2017.

［6］　刘瑞江,张业旺,闻崇炜,等.正交试验设计和分析方法研究［J］.实验技术与管理,2010,27(09):52-55.

第七章 基于机器学习的居住区 风环境优化

第一节 概 述

随着我国经济的快速发展与城市人口的不断增多,高密度住宅区的数量与规模也在迅速增加,居住区内的环境问题日益突出,其中风环境是面临的主要问题之一。居住区的风环境在居民的日常生活中起着重要作用,关系到与居住区的室内外热舒适性、能源消耗与污染物扩散等因素相关的居住区环境品质,进而影响居民的健康与舒适度。因此,如何对居住区的风环境进行优化设计,是现阶段亟待解决的问题。

本章提出了一种基于"参数化建模—OpenFOAM 模拟—机器学习"框架的居住区风环境优化设计方法,研究居住区形态对夏季通风与冬季防风的影响,机器学习主要被用于建立预测模型。

第二节 基于参数化的居住区风环境优化 设计模型构建

一、居住区模型生成

基于对武汉市居住区案例的调研与归纳,本研究将住宅区模型的基地设为 240 m×170 m 的矩形区域,面积为 40800 m²,建筑密度为 14%,容积率为 3。图 7.1 表示居住区基地平面图,在此基地上构建高层板式住宅区,将

图 7.2 所示平面作为高层板式住宅的基本户型平面,其标准层面积 S 为 480 m²,经计算可得住宅区的建筑数量为 12。

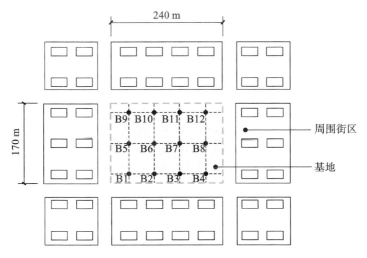

图 7.1　居住区基地平面图

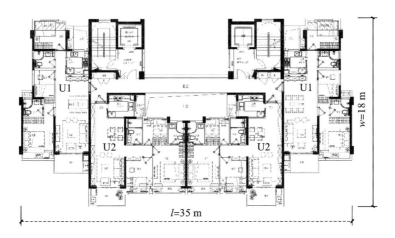

图 7.2　高层板式住宅基本户型平面

（1）基地模型

初始布局中,在基地内部设置 3 排高层板式住宅,每排 4 栋,住宅单体相互平行且整体与基地边界平行,住宅纵墙面间距 d_1 设为 47.2 m,山墙面间距

d_2设为 20 m。在初始布局的基础上，将地块方向、建筑高度、建筑长度、建筑交错与建筑架空作为设计变量，通过参数化平台 Grasshopper 调整其取值并随机进行组合，生成具有不同形态特征的住宅区模型。同时，使用容积率与建筑日照作为约束条件，剔除部分不满足设定要求的住宅区。

（2）住宅建筑单体

本研究所使用的高层板式住宅的平面轮廓如图 7.3(a)所示。平面轮廓的生成思路如图 7.3(b)所示，使用 Rectangle 模块生成 x 方向$-l/2$ 至 $l/2$，y 方向$-w/2$ 至 $w/2$ 的矩形平面，矩形中心点即为该平面的控制点。提取矩形的 4 个顶点 A、B、C、D，以其中的 A 点为例，使用 Move 命令将其沿 y 轴负方向偏移 2.7 m 得到 A_1，将 A_1 沿 x 轴正方向偏移 8.2 m 得到 A_2，将 A_2 沿 y 轴正方向偏移 2.7 m 得到 A_3，将 A_3 沿 x 轴正方向偏移 6 m 得到 A_4，将 A_4 沿 y 轴负方向偏移 5.7 m 得到 A_5。依此类推，将其他 3 个顶点分别偏移相应距离。最后，使用 Merge 命令将偏移后得到的点 A_1、A_2、A_3、A_4、A_5、B_5、B_4、B_3、B_2、B_1、C_1、C_2、C_3、D_3、D_2、D_1 顺次连接，即可得到住宅的平面轮廓[1]（图 7.3）。住宅建筑单体在居住区基地中的生成逻辑如图 7.4 所示。

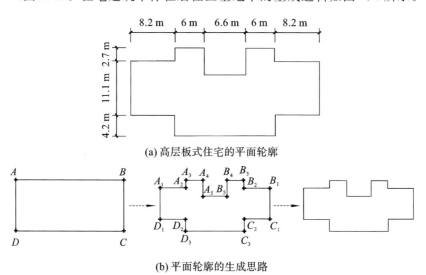

(a) 高层板式住宅的平面轮廓

(b) 平面轮廓的生成思路

图 7.3　高层板式住宅平面轮廓的生成思路

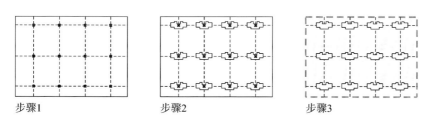

步骤1　　　　　　　　　步骤2　　　　　　　　　步骤3

图 7.4　住宅建筑单体在居住区基地中的生成逻辑

（3）住宅建筑群布局

居住区的地块朝向设定为 3 种取值，分别为南向、南偏西 $45°$、南偏东 $45°$。住宅建筑的层高设定为 3 m，每栋住宅建筑的高度均作为设计变量，共计有 16 种可能的取值，分别为 33 m，36 m，39 m，$\cdots$，78 m。

住宅建筑长度的变化由住宅单元的拼接形式决定。居住区中每排有 4 栋建筑，存在 5 种不同的拼接形式（图 7.5）。以第 1 排为例，说明每种拼接形式的生成思路：

①无偏移；

②将第 2 栋建筑沿 x 轴负方向偏移 d_2（d_2 为住宅山墙面间距）距离；

③将第 2 栋建筑沿 x 轴正方向偏移 $d_2/2$ 距离，同时将第 3 栋建筑沿 x

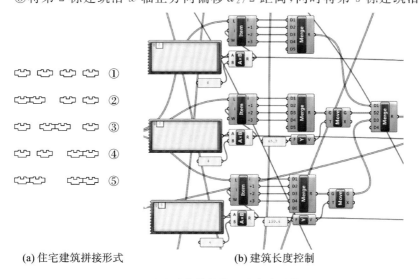

(a)住宅建筑拼接形式　　　　　(b)建筑长度控制

图 7.5　住宅建筑的拼接思路与长度控制

149

轴负方向偏移 $d_2/2$ 距离；

④将第 3 栋建筑沿 x 轴正方向偏移 d_2 距离；

⑤将第 2 栋建筑沿 x 轴负方向偏移 d_2 距离，同时将第 3 栋建筑沿 x 轴正方向偏移 d_2 距离。

居住区内共有 3 排建筑，因此，将基因数量设定为 3，每个基因的取值范围为 0、1、2、3、4，分别对应上述 5 种拼接形式，建筑长度共有 5^3 种取值。

居住区有住宅建筑对齐与住宅建筑交错两种情况。当建筑发生水平交错时，住宅建筑单体控制点在 x 方向的距离为 $l/2+d_2/2$（l 为住宅单元面宽）。因此，住宅建筑交错的生成思路为：将第 2 排建筑沿 x 轴正方向偏移 $(l/2+d_2/2)/2$ 距离，同时将第 1 排与第 3 排建筑沿 x 轴负方向偏移 $(l/2+d_2/2)/2$ 距离。在 Gene Pool 模块中将基因数量设定为 1，基因的取值范围为 0、1，分别对应上述两种情况。

住宅区的建筑架空比例有 4 种取值，分别为无架空、25% 架空、50% 架空、75% 架空，对应的建筑数量分别为 0、3、6、9。将基因数量设定为 1，基因的取值范围为 0、1、2、3，将该值乘以 3，得到住宅区中底层架空的建筑数量。在程序中加入 Random Reduce 模块，保证每次取出的建筑编号是随机的，从而研究架空位置对住宅区风环境的影响。

因此，与住宅区群体布局相关的 5 类形态要素共产生了 18 个设计变量，其取值范围如表 7.1 所示。

表 7.1　设计变量取值范围

序号	设计变量	取值范围	步长	备注
01	地块方向/(°)	−45、0、45	—	表示地块方向的 3 种取值
02	B1 建筑高度/m	33～78	3	—
03	B2 建筑高度/m	33～78	3	—
04	B3 建筑高度/m	33～78	3	—
05	B4 建筑高度/m	33～78	3	—
06	B5 建筑高度/m	33～78	3	—

续表

序号	设计变量	取值范围	步长	备注
07	B6 建筑高度/m	33～78	3	—
08	B7 建筑高度/m	33～78	3	—
09	B8 建筑高度/m	33～78	3	—
10	B9 建筑高度/m	33～78	3	—
11	B10 建筑高度/m	33～78	3	—
12	B11 建筑高度/m	33～78	3	—
13	B12 建筑高度/m	33～78	3	—
14	建筑长度（第 1 排）	0、1、2、3、4	—	表示建筑拼接的 5 种形式
15	建筑长度（第 2 排）	0、1、2、3、4	—	同上
16	建筑长度（第 3 排）	0、1、2、3、4	—	同上
17	建筑交错	0、1	—	表示建筑对齐与交错 2 种形式
18	建筑架空/（%）	0、25、50、75	25	表示建筑架空比例

二、参数化优化设计平台构建

本研究采用本书第六章建立的基于 Grasshopper 与遗传算法的参数化优化设计平台。但在软件平台构成方面，根据研究的需要进行了调整。其中，CFD 模拟软件采用目前 CFD 模拟中受到关注的 OpenFOAM，多目标优化软件采用基于 Grasshopper 平台的 Octopus。

OpenFOAM 是由 OpenFOAM Foundation 发布的开源计算流体动力学软件。它具有多种功能，可以解决涉及化学反应的复杂流体问题、湍流与热传递问题、固体动力学与电磁学问题等，在大多数工程与科学领域均具有广泛应用。在以往的研究中，OpenFOAM 被证实可以用于街区尺度风环境的计算，具有较高的准确性，其分析流程如图 7.6 所示。

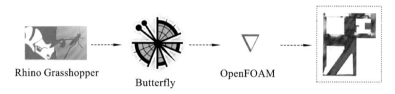

Rhino Grasshopper   Butterfly   OpenFOAM

图 7.6   OpenFOAM 风环境分析流程

基于 Grasshopper 平台的 Octopus 插件结合了 Pareto 前沿原理与遗传算法,可以对多个适应度函数进行优化计算。该插件设置了一个界面,允许用户根据设计需要选择多种优化组合,以研究不同情况下的进化趋势。此外,Octopus 的数据展示页面使用三维形式介绍了各个阶段的求解过程与可行解。因此,与单目标优化插件 Galapagos 相比,Octopus 可以实现多个目标的共同优化,且界面可视化效果更好(图 7.7)。

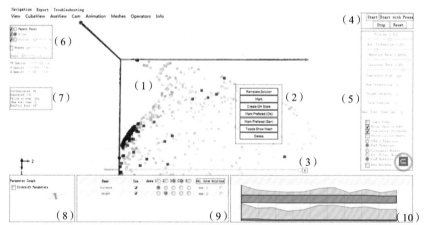

(1)数据展示页面;(2)数据菜单;(3)时间轴;(4)开关;(5)参数设置;
(6)展示选项;(7)优化进度;(8)基因距离;(9)坐标控制;(10)收敛图

图 7.7   Octopus 工作界面

三、多目标优化设计问题设置

1.风环境模拟设置

(1)边界条件设置

根据湖北省各地的气象数据,武汉市夏季的主导风向为东南风,平均风速为 2.02 m/s,冬季的主导风向为东北风,平均风速为 2.06 m/s。

CFD 模拟的边界条件设置如表 7.2 所示。

表 7.2　边界条件设置

边界名称	边界条件	数值与说明
流入边界	Velocity-inlet	$$\frac{V}{V_0}=\left(\frac{Z}{Z_0}\right)^{0.22}$$ $V_0=2.02$ m/s(夏季)或 2.06 m/s(冬季),$Z_0=10$ m $$K=1.5\times(I\times V_0)^2,I=0.1$$ $$\varepsilon=C_{\mathrm{u}}k^{3/2}/l$$ $$l=\frac{4(C_{\mathrm{u}}k^{0.5})Z_0Z^{0.75}}{U_0}$$
流出边界	Outflow	完全发展条件
顶面、侧面	Symmetry	—
地面、建筑物	Wall	无滑移

（2）计算域与网格划分

计算域主要根据参数化模型的大小确定。计算域的设置会对计算时间与模拟精度产生影响。如果计算域设置得过大,会导致计算量增加,计算时间延长;如果计算域设置得过小,会导致湍流发展不充分,模拟精度降低。

根据《民用建筑绿色性能计算标准》(JGJ/T 449—2018)的建议,本研究设定计算域大小为 2359.2 m×1280 m×468 m,其中,流入边界距建筑物 $5H$,流出边界距建筑物 $20H$,对称边界距建筑物 $5H$,计算域的高度为 $6H$。

合理的网格密度可以显著提高计算精度与效率。本研究的网格划分采用两种形式:在建筑区域内使用较为密集的网格,并对建筑壁面与距地面 1.5 m 高度附近的网格进行细化;在建筑区域外使用较为稀疏的网格。网格总数量约 614 万个(图 7.8)。

（3）建立湍流模型

OpenFOAM 软件包含多种湍流模型,例如大涡模拟(LES)与雷诺平均 N-S 方程(RANS)等。由于这些模型的准确性与计算量不同,因此它们适用于不同的领域。RANS 包括 Spalart-Allmaras 模型、标准 k-ε 模型,RNG k-ε

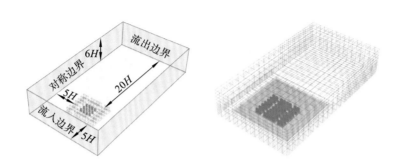

图 7.8　计算域与网格划分

模型、可实现的 $k\text{-}\varepsilon$ 模型与雷诺应力模型。本研究采用标准 $k\text{-}\varepsilon$ 湍流模型，SIMPLE 算法用于速度与压力的耦合。

(4)目标函数

人行高度处的风速是影响人们健康与舒适度的重要因素，因此，本研究选择人行高度($Z=1.5$ m)的水平面作为计算平面，通过 OpenFOAM 模拟得到地块内各点的风速值，之后可以使用具体指标对风环境质量进行评价，选择以下 4 个指标作为居住区风环境的优化目标。

①夏季-适宜风速区域占比：将风速高于 1 m/s 且低于 5 m/s 的区域定义为适宜风速区，夏季-适宜风速区域占比即地块内适宜风速区的面积与地块面积之比。该值越大，说明居住区在夏季的通风效率越好。

②夏季-风速的离散度：使用地块内各点在夏季风速的标准差来表示夏季-风速的离散度。该值越小，说明居住区在夏季的风速分布越均匀。

③冬季-静风区面积比：将风速低于 1 m/s 的区域定义为静风区，冬季-静风区面积比即地块内静风区的面积与地块面积之比。该值越大，说明居住区在冬季的防风效果越好。

④冬季-风速的离散度：使用地块内各点在冬季风速的标准差来表示冬季-风速的离散度。该值越小，说明居住区在冬季的风速分布越均匀。

风速的离散度的计算公式如式(7.1)所示。

$$\sigma = \sqrt{\frac{1}{N}\sum_{i=1}^{N}(x_i-\mu)^2} \tag{7.1}$$

式中:σ 为风速的离散度;N 为地块内测点的数量;x_i 为地块内各点的风速,单位为 m/s;μ 为所有点的平均风速,单位为 m/s。

(5)Octopus 参数设定

Octopus 采用遗传算法进行最优化搜索,包括精英比率(elitism)、突变概率(mutation probability)、突变速率(mutation rate)、交叉率(crossover rate)以及种群规模(population size)等 5 个基本参数。本研究使用的参数设定如表 7.3 所示。

表 7.3 Octopus 参数设定

精英比率	突变概率	突变速率	交叉率	种群规模
0.5	0.1	0.5	0.8	50

Octopus 模块的 P 端接入参数化模型,左下角 G 端接入各设计变量,右下角 O 端接入优化目标的数值与名称(图 7.9)。由于 Octopus 的寻优方向为优化目标取得最小值,需要对夏季-适宜风速区域占比与冬季-静风区面积比取相反数。

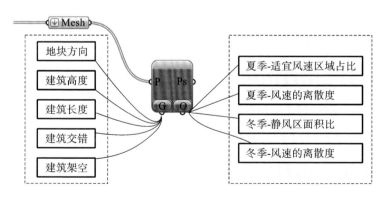

图 7.9 Octopus 模块设置

(6)约束条件

本研究设定居住区的容积率为 3。将生成的住宅建筑总层数乘以住宅标准层面积 480 m²,再除以基地面积 40800 m²,得到此时容积率的数值。将其与容积率的设定值进行比较,剔除容积率不满足要求的案例,得到满足容积率要求的居住区。

另一方面,日照时间是居住区规划中的重要指标。本研究将日照时间作为约束条件,具体操作如下。

使用 Geco 插件作为 Grasshopper 与日照分析软件 Ecotect 的数据接口。首先,通过 EcoWeatherFile 模块将武汉市的气象数据接入 EcoSunPath,在 Rhino 中显示日照轨迹;其次,使用 EcoMeshExport 模块将参数化模型转化为网格并导入 Ecotect;再次,使用 EcoFitGrid 模块在 Ecotect 中建立分析网格;最后,启用 EcoSolCal 核心模块,将计算时间设置为大寒日 8 时至 16 时,该模块设置如图 7.10 所示。

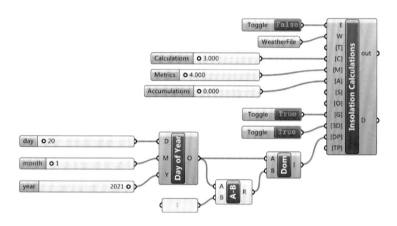

图 7.10　EcoSolCal 模块设置

在 Ecotect 中进行日照分析之后,可将结果导入 Rhino 以显示各个点的日照时间。根据相关规范要求,住宅建筑应当满足每套住宅至少有一个居住空间能获得大寒日不低于 2 小时日照时间,以此作为约束条件,剔除不满足建筑日照要求的居住区案例。

四、多目标优化验证实验

在多目标优化问题中,遗传算法相比其他算法更为高效准确,而且它是一种全局搜索技术,不容易陷入局部最优,运行一次可以找到多个 Pareto 解。尽管如此,在分析多目标优化结果之前,仍然需要进行一系列验证实验,以确保优化结果的可靠性。本研究主要进行了以下 3 个验证实验。

（1）优化收敛验证实验

在给定的设计变量取值范围中，Octopus 对住宅区风环境的优化会存在限值，当各个优化目标均接近限值时，可以认为优化达到收敛。4 个优化目标在每一代 Pareto 解集中取得的最大（小）值如图 7.11 所示。

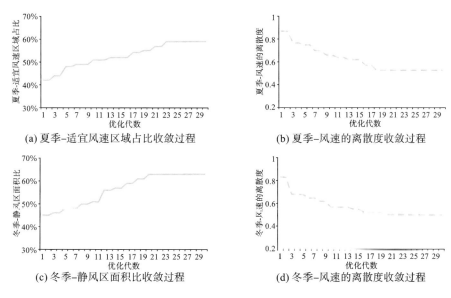

图 7.11 **4 个优化目标在每一代 Pareto 解集中取得的最大（小）值**

由图 7.11（a）可知，夏季-适宜风速区域占比在第 1 代的最大值为 42.7%，随着优化代数的增加，每 1 代的最大值均在较早代数的基础上有所提高。从第 23 代开始，最大值不再随优化过程的进行而发生改变，即达到收敛，此时优化目标的最大值为 59.5%，与第 1 代相比，两者相差 16.8%。由图 7.11（b）可知，夏季-风速的离散度在第 1 代的最小值为 0.879，随着优化代数的增加，每 1 代的最小值均在较早代数的基础上有所降低。从第 18 代开始，最小值不再随优化过程的进行而发生改变，即达到收敛，此时优化目标的最小值为 0.534，与第 1 代相比，两者相差 0.345。由图 7.11（c）可知，冬季-静风区面积比在第 1 代的最大值为 45.6%，随着优化代数的增加，每 1 代的最大值均在较早代数的基础上有所提高。从第 20 代开始，最大值不再随优化过程的进行而发生改变，即达到收敛，此时优化目标的最大值为

63.2%,与第 1 代相比,两者相差 17.6%。由图 7.11(d)可知,冬季-风速的离散度在第 1 代的最小值为 0.831,随着优化代数的增加,每 1 代的最小值均在较早代数的基础上有所降低。从第 20 代开始,最小值不再随优化过程的进行而发生改变,即达到收敛,此时优化目标的最小值为 0.503,与第 1 代相比,两者相差 0.328。

(2)均衡演进验证实验

多目标优化的结果以散点图的形式显示在 Octopus 三维坐标系中,为了研究 Pareto 解的演进过程,选取夏季-适宜风速区域占比与冬季-静风区面积比两个优化目标,将三维坐标转换为两维,其第 1 代、第 6 代、第 12 代、第 18 代、第 24 代、第 30 代 Pareto 解的数量变化与空间分布如图 7.12 所示。

从图中可以看出,随着优化代数的增加,各代 Pareto 解的数量不断增多,分别为 9 个、20 个、36 个、49 个、64 个、72 个,且形成的 Pareto 前沿与原点坐标之间的距离逐渐减小,两个优化目标的值相应提高。这一趋势与算法设定一致,表明 Pareto 解在多目标优化过程中均衡演进,其连续性与数值均得到提升。

(3)性能充分提升验证实验

多目标优化过程中各个变量之间存在相互制约的关系,为了验证优化性能是否得到充分提升,本研究使用单目标优化插件 Galapagos 对夏季-适宜风速区域占比与冬季-静风区面积比分别进行优化,与 Octopus 优化结果相比,前者的最大值相差 0.7%,后者的最大值相差 0.2%,可以认为多目标优化性能得到充分提升。

表 7.4 总结了夏季单目标优化中 5 个最佳方案的设计变量与优化目标,图 7.13 为方案 A-1(夏季-适宜风速区域占比最大)的夏季风速分布情况。可以发现:5 个最佳方案的地块方向均为南偏西 45°,此时风向平行于建筑纵墙面之间较宽的通风廊道,进入住宅区的风量显著增加。建筑高度方面,迎风侧建筑(B4、B8、B12)较低,背风侧建筑(B1、B5、B9)较高,这是由于风被建筑物阻挡时,会在建筑背后形成风速较低的风影区,风影区的面积随着建筑高度的增加而增大。在这几种情况中,建筑长度与建筑交错变化对优化目标没有明显影响。建筑架空方面,架空比例普遍较大,为 50% 或 75%,表明

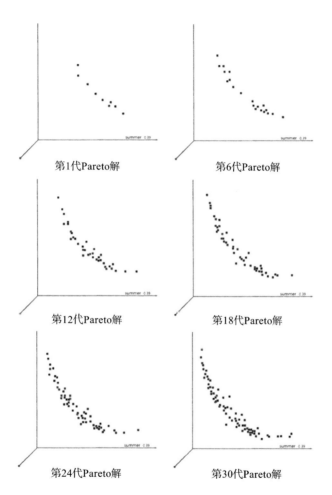

第1代Pareto解　　　　　　　　第6代Pareto解

第12代Pareto解　　　　　　　　第18代Pareto解

第24代Pareto解　　　　　　　　第30代Pareto解

图 7.12　各代 Pareto 解的数量变化与空间分布

随着架空比例的增大,住宅区的夏季风环境得到改善。

表 7.4　夏季单目标优化中的 5 个最佳方案

		A-1	A-2	A-3	A-4	A-5
设计变量	地块方向/(°)	−45	−45	−45	−45	−45
	B1 建筑高度/m	66	75	63	75	54
	B2 建筑高度/m	78	72	66	69	57

续表

		A-1	A-2	A-3	A-4	A-5
	B3 建筑高度/m	45	57	45	54	48
	B4 建筑高度/m	57	57	60	48	54
	B5 建筑高度/m	78	75	78	72	72
	B6 建筑高度/m	69	78	66	78	66
	B7 建筑高度/m	54	69	54	63	75
	B8 建筑高度/m	63	48	60	69	54
设计变量	B9 建筑高度/m	75	60	78	66	78
	B10 建筑高度/m	69	60	72	54	78
	B11 建筑高度/m	63	51	60	66	63
	B12 建筑高度/m	48	63	63	51	66
	建筑长度(第 1 排)	1	0	2	2	3
	建筑长度(第 2 排)	3	0	0	3	0
	建筑长度(第 3 排)	2	0	1	0	3
	建筑交错	0	1	1	0	0
	建筑架空/(%)	75	50	50	50	75
优化目标	夏季-适宜风速区域占比/(%)	60.2	59.6	59.4	59.1	58.6

表 7.5 总结了冬季单目标优化中 5 个最佳方案的设计变量与优化目标,图 7.14 为方案 B-1(冬季-静风区面积比最大)的冬季风速分布情况。可以发现:5 个最佳方案的地块方向均为南偏西 45°,此时风向垂直于建筑纵墙面,进入住宅区的风量明显减少。建筑高度方面,迎风侧建筑(B9、B10、B11、B12)较高,背风侧建筑(B1、B2、B3、B4)较低。就建筑长度而言,拼接形式 4 在住宅区中占比较大,对应每排有两个建筑长度为 70 m,这是因为风影区的面积同样随着建筑长度的增加而增大。就建筑交错而言,建筑交错出现的频率高于建筑对齐,推测交错会在一定程度上阻碍风的流动。建筑架空方面,架空比例普遍较小,为 0 或 25%,表明随着架空比例的减小,住宅区的冬季风环境得到改善。

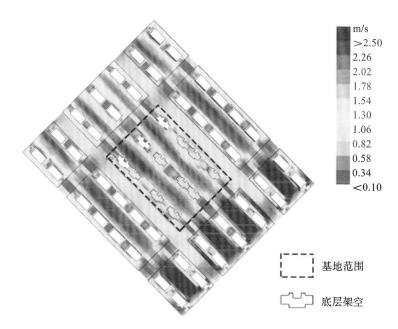

图 7.13　方案 A-1 夏季风速分布

表 7.5　冬季单目标优化中的 5 个最佳方案

		B-1	B-2	B-3	B-4	B-5
设计变量	地块方向/(°)	−45	−45	−45	−45	−45
	B1 建筑高度/m	51	45	63	63	60
	B2 建筑高度/m	54	69	57	63	63
	B3 建筑高度/m	51	57	54	51	45
	B4 建筑高度/m	63	45	51	51	54
	B5 建筑高度/m	75	72	48	78	75
	B6 建筑高度/m	66	69	78	75	69
	B7 建筑高度/m	63	57	48	57	51
	B8 建筑高度/m	63	66	75	54	66
	B9 建筑高度/m	75	63	63	63	75
	B10 建筑高度/m	72	75	72	78	69

		B-1	B-2	B-3	B-4	B-5
设计变量	B11 建筑高度/m	54	72	78	69	66
	B12 建筑高度/m	78	75	78	63	72
	建筑长度(第 1 排)	1	4	4	1	4
	建筑长度(第 2 排)	4	2	4	1	3
	建筑长度(第 3 排)	0	2	0	3	3
	建筑交错	1	1	0	1	1
	建筑架空/(%)	0	0	25	0	25
优化目标	冬季-静风区面积比/(%)	63.0	62.6	62.4	61.9	61.7

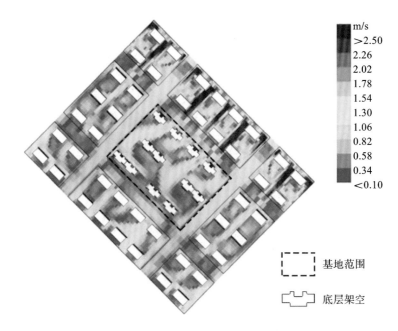

图 7.14　方案 B-1 冬季风速分布

第三节　多目标优化结果与分析

一、Pareto 解集合与目标函数分析

（1）Pareto 解的解集分布

通过运行 Octopus 来获得最优解，经过 30 代优化，各代 Pareto 解的解集分布如图 7.15 所示，其中，最后一代产生了 72 个 Pareto 解，它们形成一个凹向原点的曲面，即 Pareto 前沿。数据展示页面中的 3 个坐标轴分别对应一个优化目标，此外，Octopus 还用不同颜色将第 4 个优化目标表示在坐标系中。

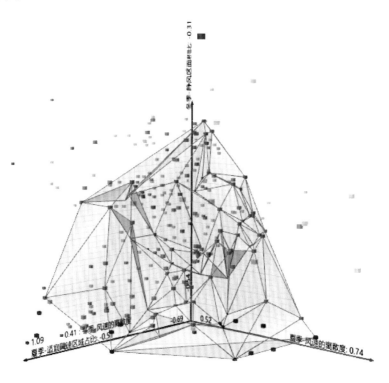

图 7.15　各代 Pareto 解的解集分布

作为多目标优化问题,所有 Pareto 解在解空间中均为非支配的,可以作为设计的解决方案。每个 Pareto 解对应 18 个设计变量(由地块方向、建筑高度、建筑长度、建筑交错、建筑架空 5 类形态要素产生)与 4 个优化目标(夏季-适宜风速区域占比、夏季-风速的离散度、冬季-静风区面积比、冬季-风速的离散度)。Pareto 解的方块越大,颜色越深,表示优化代数越靠后,生成的解决方案风环境越好。

(2)优化目标值域范围

基于第 30 代优化产生的 Pareto 解,对 4 个优化目标的值域范围进行分析。优化目标的值域范围越大,表明 Octopus 对解集空间的探索范围越广,获得的 Pareto 解数量越多,反之则表明 Octopus 对解集空间的探索较为有限。

夏季-适宜风速区域占比的值域范围为 31.6%～59.5%,两者相差27.9%,对应适宜风速区的面积范围为 12892.8～24276 m²;夏季-风速的离散度的值域范围为 0.534～0.861,两者相差 0.327;冬季-静风区面积比的值域范围为 33.8%～63.2%,两者相差 29.4%,对应静风区的面积范围为13790.4～25785.6 m²,略大于夏季-适宜风速区域占比的值域范围;冬季-风速的离散度的值域范围为 0.503～0.956,两者相差 0.453,与夏季-风速的离散度的值域范围相比,前者对解集空间的探索范围更大。

(3)优化目标关系分析

由于多目标优化生成的 Pareto 前沿会给出满足设计要求的多个解决方案,每个解决方案都有各自的侧重点,因此,需要研究优化目标之间的关系[2],更准确地在多个解决方案中做出选择。本研究对夏季-适宜风速区域占比、夏季-风速的离散度、冬季-静风区面积比与冬季-风速的离散度 4 个优化目标进行两两分析,创建散点图以验证相关性(图 7.16),并对产生这些关系的原因做出初步解释。

夏季-适宜风速区域占比与冬季-静风区面积比之间存在制约关系,可以推断:当住宅区内通风条件良好时,整体风速水平提高,风速位于 1～5 m/s范围的比例增加,位于 0～1 m/s 范围的比例相应减少,导致夏季-适宜风速区域占比提高,冬季-静风区面积比降低。综合来看,二者的性能不会同时达到最佳,因此,在进行方案选择时,可以侧重于两个优化目标的折中或以其中一个优化目标作为重点。

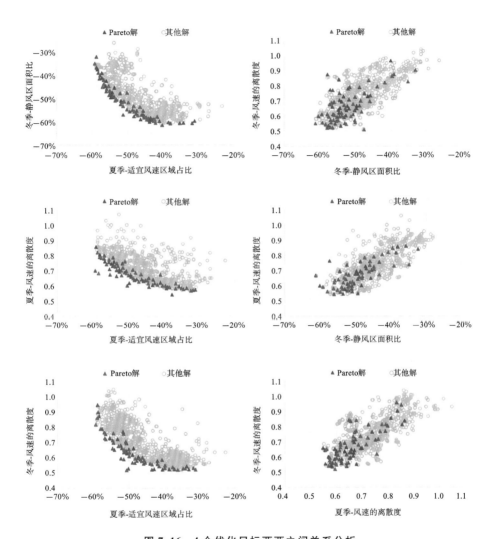

图 7.16 4 个优化目标两两之间关系分析

夏季-适宜风速区域占比提高与夏季-风速的离散度改善之间存在制约关系,可以推断:当夏季-适宜风速区域占比提高时,风速位于 1~5 m/s 范围的比例增加,出现局部风速较大的涡流区可能性也越大,导致夏季-风速的离散度增大。综合来看,夏季较高的风速水平有助于提升人们的热舒适度,因此,在进行方案选择时,可以侧重于提高夏季-适宜风速区域占比。

冬季-静风区面积比提高与冬季-风速的离散度改善之间存在协同关系，可以推断：当冬季-静风区面积比提高时，风速位于 0～1 m/s 范围的比例增加，风影区的面积随之增加，导致冬季-风速的离散度减小。综合来看，冬季较低的风速水平与较小的风速离散度均有助于人们进行室外活动，因此，在进行方案选择时，可以侧重于同时提升二者的性能。此外，考虑到冬季污染物的扩散情况，整体风速值不宜过低。

（4）设计变量的分布特征

针对第 30 代 Pareto 解集合提供的解决方案，本研究进一步分析了在 Pareto 解集合中各设计变量的分布特征，可以为今后武汉市住宅区的风环境优化设计提供参考。

如图 7.17 所示，箱形图通过其平均值（即箱体中间的十字）、中位数（即中位线）、第一个和第三个四分位数（即上下箱边）、正常值区间（即上下边缘线）与异常值（即分布在上下边缘线以外的圆点）来比较 Pareto 解中建筑高度的变化。可以看出，编号为 B1、B5、B9、B10、B11、B12 的建筑高度较高，其他建筑高度较低。这一现象可以解释为前者分布于夏季风向的背风侧与冬季风向的迎风侧，较高的建筑高度有助于夏季通风与冬季防风。

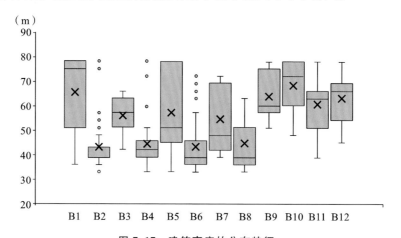

图 7.17 建筑高度的分布特征

如图 7.18 所示，对于建筑长度，第 1 排与第 2 排为拼接形式 4 的方案数量最多，分别有 29 个与 27 个，对应每排有两个建筑长度为 70 m；第 3 排为拼接形式 0 的方案数量最多，有 45 个，对应无拼接，建筑长度均为 35 m。表明拼接形式 4 较多地出现于冬季背风侧,此时建筑长度较大,形成风速较低的风影区面积也较大;而拼接形式 0 较多地出现于冬季迎风侧,此时建筑山墙面间开口尺寸较小,能够有效阻止冷风渗透。

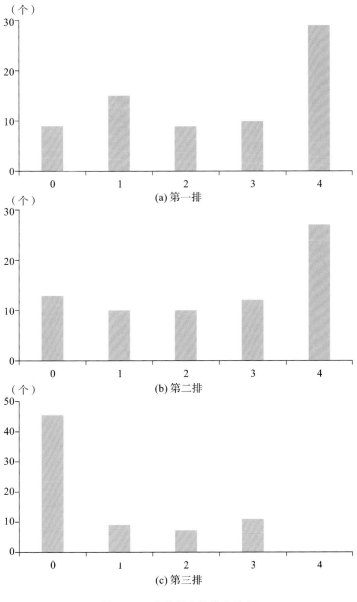

图 7.18　建筑长度的分布特征

如图 7.19 所示,Pareto 解中建筑交错的方案数量较多,有 52 个;建筑对齐的方案数量较少,有 20 个。这反映了建筑交错可以在一定程度上阻碍风的流动,降低住宅区在冬季的整体风速。从图 7.20 可以看出,对于建筑架空,架空比例为 50% 的方案数量最多,有 28 个;架空比例为 0 的方案数量次之,有 24 个;架空比例为 25% 与 75% 的方案数量最少,分别为 11 个与 9 个。表明适中的架空比例对夏季通风效果最好,无架空情况对冬季防风效果最好,架空比例过小对风速的加强作用不明显,过大则会使风速超过人们的舒适范围。

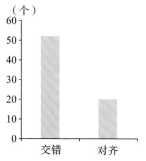

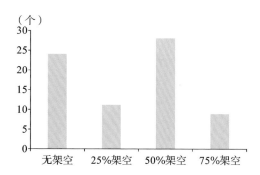

图 7.19　建筑交错的分布特征　　　　图 7.20　建筑架空的分布特征

二、Pareto 解集合中典型方案分析

1. 筛选原则

本研究基于夏季通风与冬季防风考虑,在第 30 代优化产生的 72 个 Pareto 解中,提出了一些筛选原则,选择其中部分典型方案进行分析。根据上文对优化目标关系的分析,在散点图中作两条分别垂直于 x 轴与 y 轴的辅助线,本研究将制约关系中辅助线的数值 x_1、y_1 设定为对应优化目标的中值,将协同关系中辅助线的数值 x_2、y_2 设定为对应优化目标的前 25% 处,实际项目中,辅助线的数值可由设计者或业主方的需求确定。两条辅助线与 x、y 轴围合形成一个矩形区域(图 7.21 中蓝色部分),该区域内的 Pareto 解两个优化目标均较优,可以从中选择典型方案。

如图 7.21 所示,同时位于 J_1 与 J_2 区域的 Pareto 解 4 个优化目标均衡发展,从中选择方案 C-1;夏季-适宜风速区域占比与冬季-静风区面积比之间存在制约关系,因此在 J_1 区域内选择方案 C-2;夏季-风速的离散度与冬季-风速的离散度改善之间存在协同关系,因此在 J_2 区域内选择方案 C-3;夏季-适宜风速区域占比与夏季-风速的离散度改善之间存在制约关系,因此在 J_3 区域内选择方案 C-4;冬季-静风区面积比与冬季-风速的离散度改善之间存在协同关系,因此在 J_4 区域内选择方案 C-5。

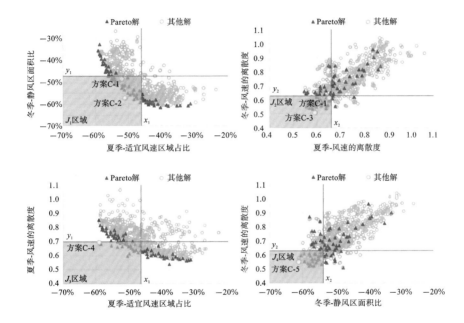

图 7.21 典型方案筛选原则示意图

2.典型方案分析

按照上述筛选原则,在 Pareto 解集合中选择 5 个典型方案(C-1 至 C-5)进行分析,它们的设计变量与优化目标的值如表 7.6 所示。

表 7.6 Pareto 解集合中的 5 个典型方案

		C-1	C-2	C-3	C-4	C-5
设计变量	地块方向/(°)	−45	−45	0	−45	−45
	B1 建筑高度/m	78	75	45	72	51
	B2 建筑高度/m	54	51	45	57	54
	B3 建筑高度/m	57	63	66	60	66

		C-1	C-2	C-3	C-4	C-5
设计变量	B4 建筑高度/m	51	48	48	51	60
	B5 建筑高度/m	78	78	63	57	66
	B6 建筑高度/m	54	48	69	66	57
	B7 建筑高度/m	57	54	69	54	60
	B8 建筑高度/m	60	63	60	63	51
	B9 建筑高度/m	63	66	75	63	72
	B10 建筑高度/m	66	63	72	75	72
	B11 建筑高度/m	75	78	75	72	78
	B12 建筑高度/m	72	78	78	78	78
	建筑长度（第 1 排）	4	4	0	4	4
	建筑长度（第 2 排）	1	4	1	4	4
	建筑长度（第 3 排）	3	3	0	0	0
	建筑交错	1	1	1	0	0
	建筑架空/（%）	50	0	50	75	0
优化目标	夏季-适宜风速区域占比/（%）	53.1	52.8	50.1	59.5	40.9
	夏季-风速的离散度	0.664	0.779	0.599	0.696	0.688
	冬季-静风区面积比/（%）	47.4	57.7	47.1	35.1	63.2
	冬季-风速的离散度	0.603	0.786	0.503	0.804	0.541

（1）方案 C-1

方案 C-1 为 4 个优化目标均衡发展，其风速分布如图 7.22 所示。在该方案中，地块方向为南偏西 45°，有利于在夏季增加并在冬季减少进入住宅区的风量。建筑高度方面，综合考虑夏、冬两季的不同风向，夏季的背风侧建筑与冬季的迎风侧建筑（B1、B5、B9、B10、B11、B12）较高，其他建筑较低。就建筑长度而言，冬季的迎风侧只有一个建筑长度为 70 m，表明虽然建筑长度的增加会增大风影区面积，但是建筑两两拼接后形成的较大山墙面间距会增加进入住宅区的风量。就建筑布局形式而言，尽管建筑交错有利于降低住宅区在冬季的整体风速，但是也会引起建筑山墙面间的风速增大，导致冬季-风速的离散度提高。建筑底层架空方面,底层架空比例为 50％,建筑底层架空能够在对冬季风速产生较小影响的前提下,改善住宅区的夏季风环境。

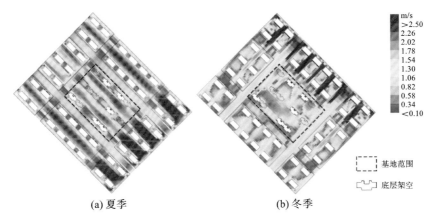

(a) 夏季　　　　　　　　(b) 冬季

图 7.22　方案 C-1 风速分布

(2)方案 C-2

方案 C-2 为夏季-适宜风速区域占比较大,冬季-静风区面积比较大,其风速分布如图 7.23 所示。与方案 C-1 相比,方案 C-2 的建筑架空比例为 0,这一改变提高了后者的冬季-静风区面积比,二者相差 10.3％,夏季-适宜风速区域占比相差不大,约为 0.3％。此外,该方案夏、冬两季风速的离散度均有所增大,增幅分别为 0.115 与 0.183,说明当建筑底层无架空时,住宅区的风速分布较不均匀,出现极端风环境与涡流区的可能性更大。

(3)方案 C-3

方案 C-3 为夏季-风速的离散度较小,冬季-风速的离散度较小,其风速分布如图 7.24 所示。与方案 C-1 相比,方案 C-3 的地块方向为南向,避免了地块方向为南偏西 45°时夏季风速过大与冬季风速过小的情况,夏、冬两季风速的离散度均有所降低,降幅分别为 0.065 与 0.100。建筑高度方面,夏季的迎风侧建筑(B1、B2、B3、B4)较低,冬季的迎风侧建筑(B9、B10、B11、B12)较高。就建筑长度而言,无拼接的形式在住宅区中占比较大,对应建筑长度为 35 m,风影区面积随之减小,使住宅区的风速分布更加均匀。

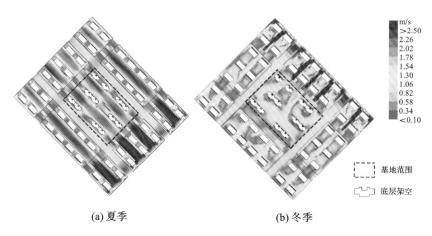

(a) 夏季 　　　　　　　　　　　(b) 冬季

图 7.23　方案 C-2 风速分布

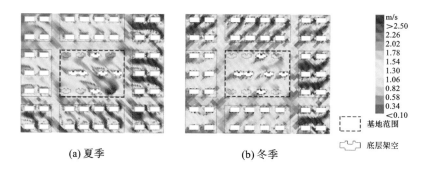

(a) 夏季 　　　　　　　　　　　(b) 冬季

图 7.24　方案 C-3 风速分布

（4）方案 C-4

方案 C-4 为夏季-适宜风速区域占比较大，夏季-风速的离散度较小，其风速分布如图 7.25 所示。与方案 C-1 相比，方案 C-4 的建筑底层架空比例较大，达到 75%，且底层架空位置位于夏季的迎风侧，这一改变提高了后者的夏季-适宜风速区域占比，二者相差 6.4%，夏季-风速的离散度有所提高，约为 0.032。但是，由于底层架空比例过大，导致其住宅区在冬季的风环境表现不如方案 C-1。

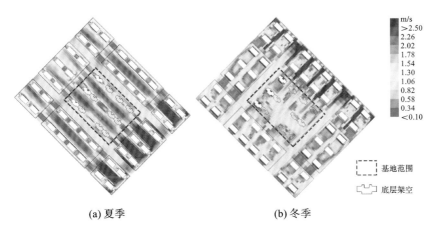

(a) 夏季 (b) 冬季

图 7.25　方案 C-4 风速分布

（5）方案 C-5

方案 C-5 为冬季-静风区面积比较大,冬季-风速的离散度较小,其风速分布如图 7.26 所示。与方案 C-1 相比,方案 C-5 的建筑底层架空比例为 0,这一改变提高了后者的冬季-静风区面积比,二者相差 15.8%。就建筑布局形式而言,对齐相比交错更有利于降低冬季-风速的离散度,约为 0.062。但是,由于底层架空比例过小,导致其住宅区在夏季的风环境表现不如方案 C-1。

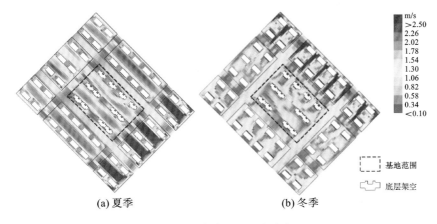

(a) 夏季 (b) 冬季

图 7.26　方案 C-5 风速分布

第四节　机器学习方法与住宅区风环境预测

机器学习是数据分析与建模中的热门话题,在过去的几十年中,许多不同的机器学习算法被开发出来,并在编程语言中得以实现。机器学习是让计算机产生学习行为的过程,它使用模式识别以及其他形式的预测算法,对输入的数据做出判断,这一领域与人工智能和计算统计学密切相关。

一、机器学习方法介绍

按照学习方式,机器学习可以分为监督学习、无监督学习与强化学习。监督学习是指将特征值映射到目标值的算法;无监督学习是指挖掘数据潜在关系的方法,输入数据中不含目标值;强化学习是指交互学习,以奖惩信号进行面向目标的探索。本研究基于居住区形态要素建立风环境预测模型,属于机器学习中的监督学习。

研究选择 6 种机器学习方法,包括 4 种单一学习方法(决策树、岭回归、支持向量机、神经网络),以及 2 种集成学习方法(随机森林、极限梯度提升),建立多个风环境预测模型,并使用评价指标对不同模型的预测性能进行比较。

(1)决策树(decision tree,DT)

决策树是一种基于树形图的非参数机器学习方法,通过决策规则学习数据。决策过程将最具决定性的特征作为根节点,然后依次在每个子数据集中(即分支)找到下一个决定性特征(即内部节点),直到子数据集中的所有样本都属于同一类(即叶节点)。

(2)岭回归(ridge regression,RR)

岭回归是由 Hoerl 与 Kennard 提出的一种正则化方法。它是最小二乘估计的替代方法,因为后者具有高度不稳定性与高度共线性的问题。岭回归使用 L2 正则化,在该方法中,残差平方和被最小化。其损失函数如式(7.2)所示。

$$J_R(\boldsymbol{w}) = \min_{\boldsymbol{w}} \|\boldsymbol{Xw} - \boldsymbol{y}\|_2^2 + \alpha \|\boldsymbol{w}\|_2^2 \qquad (7.2)$$

式中:w 为使残差平方和最小化的参数向量;X 为特征矩阵;y 为包含所有回归结果的列向量;α 为正则化系数。

(3)支持向量机(support vector machine,SVM)

支持向量机包括分类(support vector classification,SVC)与回归(support vector regression,SVR)。其中,分类问题的主要思想是用一个超平面将两个或两个以上的类线性地分开,这一思想可以推广到解决回归问题(图 7.27)。其损失函数用拉格朗日函数表示为式(7.3)与式(7.4)。

$$\mathrm{L}(w,b,\alpha)=\frac{1}{2}\parallel w\parallel^2-\sum_{i=1}^{m}\alpha_i\big[y_i(x_iw+b)-1\big] \tag{7.3}$$

$$\min_{w}\max_{b,\alpha}\mathrm{L}(w,b,\alpha)\mathrm{s.\,t.\,}\alpha_i\geqslant 0,i=1,\cdots,m \tag{7.4}$$

式中:w 为权重向量;b 为偏置值;α 为拉格朗日乘子;y_i 为输入的实际值;x_i 为输入向量。

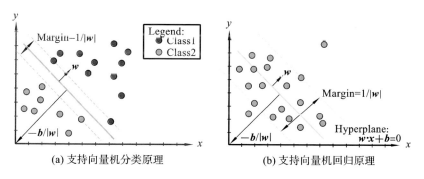

(a) 支持向量机分类原理　　　　　(b) 支持向量机回归原理

图 7.27　支持向量机原理

(图片来源:Antonio Bellido-Jimenez, Juan; Estevez, Javier; Penelope Garcia-Marin,etc. New machine learning approaches to improve reference evapotranspiration estimates using intra-daily temperature-based variables in a semi-arid region of Spain[J]. AGRICULTURAL WATER MANAGEMENT,2021,245.)

(4)神经网络(neural network,NN)

神经网络是一种受人脑神经系统启发的数据处理模型,它由大量相互连接的神经元组成,这些神经元的工作目的是解决一个特定的问题。神经网络中应用最为广泛的模型是多层感知器(multilayer perceptron,MLP),其结构如图 7.28 所示,它有 3 个不同的层:输入层、隐藏层与输出层。其中,输入层对应于系统可以用来解决问题的数据,输出层则代表结果,隐藏层通常被称为黑盒,因为其中的过程不受控制,它的功能是通过一种自动训练方法来修改的。式(7.5)代表了具有不同输入的一般感知器的数学表达式。

$$y = f(\sum_{i=1}^{N} w_i x_i + b) \tag{7.5}$$

式中:y 为输出值;f 为激活函数;w_i 为对应神经元的权重;x_i 为输入值;b 为偏置值。

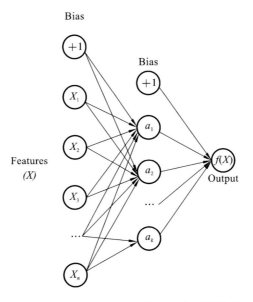

图 7.28　具有 1 个隐藏层的多层感知器模型

(图片来源:https://scikit-learn.org/stable/modules/neural_networks_supervised.html♯multi-layer-perceptron)

(5)随机森林(random forest,RF)

随机森林是集成算法中装袋法(bagging)的代表算法,它通过从原始数据集中采样,将不同子集中的许多决策树组合在一起。在训练多个决策树之后,随机森林集成了它们的所有结果,并通过返回所有结果的平均值来进行相应的预测。由于随机采样与随机选择子集的引入,与单个决策树相比,随机森林能够增强其在不同数据集上的泛化能力。

（6）极限梯度提升（extreme gradient boosting，XGBoost）

极限梯度提升是集成算法中提升法（boosting）的代表算法，它通过引入训练策略，将弱学习器的子集结合起来，培养出新的强学习器。提升方法的主要思想是按照顺序训练模型，使每个模型都尽量减少预测误差。极限梯度提升的优势是减少计算时间，同时防止过度拟合，这得益于它执行并行计算的能力。

本研究采用两种指标对模型的预测性能进行评价，分别为：均方误差（mean square error，MSE），如式（7.6）所示；决定系数（R-Square，R^2），如式（7.7）所示。

$$MSE = \frac{1}{N} \sum_{i=1}^{N} (f_i - y_i)^2 \tag{7.6}$$

$$R^2 = 1 - \frac{u}{v} \qquad u = \sum_{i=1}^{N} (f_i - y_i)^2 \qquad v = \sum_{i=1}^{N} (y_i - \hat{y})^2 \tag{7.7}$$

式中：N 为样本数量；i 为每一个数据样本；f_i 为预测模型的预测值；y_i 为数据集中的实际值；$\hat{y}$ 为数据集中实际值的平均值。

其中，MSE 表示预测模型的预测值与数据集中的实际值之间的差距，它的值越小，说明模型的预测准确度越高，在 scikit-learn 中直接计算的是负均方误差（neg mean squared error，NMSE），需要对其取相反数以得到 MSE 的数值；R^2 的取值范围为 0~1，它的值越大，说明模型的拟合效果越好。

二、数据预处理与特征选择

本研究基于 scikit-learn 进行机器学习。scikit-learn 是一个支持监督学习与无监督学习的开源机器学习库，它包括 6 个模块：分类（classification），回归（regression），聚类（clustering），降维（dimensionality reduction），模型选择（model selection），预处理（preprocessing），如图 7.29 所示。本研究主要使用 preprocessing 模块对数据进行预处理，该模块提供了几个常用的函数与转换器，能够将原始数据转换为适合机器学习的形式。

（1）数据清洗

由于各种原因，使用 OpenFOAM 模拟得到的数据集会包含缺失值与重

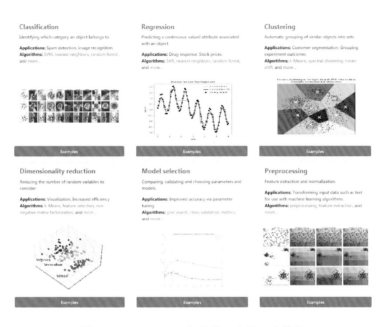

图 7.29　scikit-learn 机器学习库的 6 个模块

（图片来源：https://scikit-learn.org/stable/index.html）

复值。然而，这样的数据集与 scikit-learn 中的机器学习方法是不兼容的，机器学习默认数据集中的所有值均为数字，且所有值都有意义。因此，需要对数据集进行清洗，删除包含缺失值与重复值的案例，这一过程通过在 Excel 中设置筛选条件完成。原始数据集共有 1500 组数据，经数据清洗处理后，得到 1425 组有效数据。

（2）数据标准化

数据标准化是在 scikit-learn 中进行机器学习的基本要求。如果一个特征的方差比其他特征的方差大几个数量级，它可能会支配目标函数，使目标函数不能像预期的那样正确地从其他特征中学习。

统计中有若干种数据标准化方法，例如 min-max 标准化、z-score 标准化与小数定标标准化等。本研究使用 z-score 标准化方法，计算公式如式（7.8）所示，通过将数据 x 减去平均值，再除以标准差，来对数据进行中心化与缩放处理。处理后的数据服从均值为 0、方差为 1 的标准正态分布，如图 7.30 所示。

标准化处理前:

	地块方向	建筑高度1	建筑高度2	建筑高度3	建筑高度4	建筑高度5	建筑高度6	建筑高度7	建筑高度8	建筑高度9	建筑高度10	建筑高度11	建筑高度12	建筑长度1	建筑长度2	建筑长度3	建筑交错	建筑架空1
0	0	57	57	57	57	57	57	57	57	57	57	57	57	0	0	0	0	4
1	0	75	39	63	39	51	36	81	39	57	57	63	66	4	1	3	0	2
2	45	36	39	33	45	51	57	66	57	75	66	81	63	1	2	1	0	4
3	45	36	51	63	51	54	66	57	42	78	81	48	42	3	3	4	1	4
4	45	33	45	33	45	48	54	63	57	72	72	78	60	1	2	4	1	4

标准化处理后:

	地块方向	建筑高度1	建筑高度2	建筑高度3	建筑高度4	建筑高度5	建筑高度6	建筑高度7	建筑高度8	建筑高度9	建筑高度10	建筑高度11	建筑高度12	建筑长度1	建筑长度2	建筑长度3	建筑交错	建筑架空1
0	0.564	-0.636	2.012	0.077	0.660	0.113	1.308	-0.300	1.158	-0.428	-0.381	-0.355	-0.765	-3.253	-1.106	-1.415	-0.993	1.655
1	0.564	0.527	-0.398	0.783	-0.467	-0.326	-0.560	1.199	-0.607	-0.428	-0.381	0.247	0.011	0.330	-0.358	0.769	-0.993	-0.567
2	2.612	-1.993	-0.398	-2.748	-0.091	-0.326	1.308	0.261	1.158	1.320	0.412	2.059	-0.247	-2.357	0.389	-0.687	-0.993	1.655
3	2.612	-1.993	1.209	0.783	0.284	-0.106	2.109	-0.300	-0.313	1.612	1.736	-1.261	-2.060	-0.565	1.137	1.497	1.006	1.655
4	2.612	-2.187	0.405	-2.748	-0.091	-0.545	1.011	0.074	1.158	1.029	0.941	1.757	-0.506	-2.357	0.389	1.497	1.006	1.655

图 7.30　标准化处理前后的数据

$$x^* = \frac{x - \mu}{\sigma} \tag{7.8}$$

式中:x^* 为标准化后的数据值;x 为原始数据值;μ 为原始数据的平均值;σ 为原始数据的标准差。

(3)独热编码

数据集中的设计变量包括有序特征与分类特征。其中,有序特征是指特征的各个取值之间有联系,具有数学性质,例如建筑高度、建筑架空;分类特征是指特征的各个取值相互独立,不具有数学性质,例如地块方向、建筑长度、建筑交错。

分类特征在 Grasshopper 中被编码为整数,作为连续值给出。例如,地块方向["南偏西 45°","南向","南偏东 45°"]可以表示为[-45,0,45];建筑长度["拼接形式 0","拼接形式 1","拼接形式 2","拼接形式 3","拼接形式 4"]可以表示为 [0,1,2,3,4];建筑交错["对齐","交错"]可以表示为[0,1]。

　　然而,这样的整数表示不能直接用于机器学习,因为连续的输入值会使程序将类别解释为有序的。因此,需要使用独热编码(OneHotEncoder)对分类特征进行转换,将每个具有 n 个可能值的分类特征转换为 n 个二进制特征,其中一个取值为 1,其他所有取值为 0。以建筑长度为例,其转换过程如图 7.31 所示。

```
                0      [0,       [[1,0,0,0,0],
                1       1,        [0,1,0,0,0],
                2       2,    →   [0,0,1,0,0],
                3       3,        [0,0,0,1,0],
                4       4]        [0,0,0,0,1]]
```

图 7.31　建筑长度的独热编码转换

（4）特征选择

　　特征选择的主要目的是找到信息量最大的特征（即与优化目标相关性最高的设计变量）,并消除冗余数据,以降低预测模型的维数与复杂性。常用的特征选择方法有过滤法、嵌入法与包装法等。其中,过滤法的应用更为广泛,它使用特定的标准对每个特征进行评分,与其他方法相比,通常具有较快的处理速度与较小的计算量。过滤法使用的标准包括方差、卡方参数、F 检验与互信息等。

　　本研究使用过滤法中的互信息法进行特征选择。两个随机变量之间的互信息是一个非负值,用来衡量变量之间的相关性,当且仅当两个随机变量互相独立时,它的值为 0,互信息的值越大,意味着相关性越高。数据集中的设计变量与优化目标之间的互信息值如图 7.32 所示,可以看出,所有设计变量与优化目标之间均存在较高的相关性,其中,地块方向与优化目标的相关性最高,互信息值达到 0.5 左右。因此,现有特征均可用于预测模型的建立。

三、训练集与测试集划分

　　在使用机器学习方法时,预测模型的建立与预测性能的评价都依赖于

```
In [40]:  from sklearn.feature_selection import mutual_info_regression as MIC

In [41]:  result = MIC(X, Y.astype('int'))
          k = result.shape[0] - sum(result <= 0)

          D:\Anaconda3\lib\site-packages\sklearn\utils\validation.py:595: DataConversionWarning:
          by the scale function.
            warnings.warn(msg, DataConversionWarning)
          D:\Anaconda3\lib\site-packages\sklearn\utils\validation.py:595: DataConversionWarning:
          by the scale function.
            warnings.warn(msg, DataConversionWarning)

In [42]:  result

Out[42]:  array([0.49727455, 0.25772291, 0.22885977, 0.24552986, 0.20159268,
                 0.25039351, 0.22899996, 0.28249747, 0.23959842, 0.22451643,
                 0.23754186, 0.25851426, 0.26420656, 0.13261203, 0.25570614,
                 0.21182482, 0.21451072, 0.22129719, 0.18197778])
```

图 7.32　设计变量与优化目标之间的互信息值

相同的数据集,因此,如何对训练集与测试集进行划分至关重要。合理的划分方法能够使训练集较好地代表原始数据集,体现更多的数据特征,提高预测准确度;反之则会使训练集偏离原始数据集,降低预测准确度。

在标准的训练集与测试集划分方法中,数据集 S 被随机划分为两个不相交的子集——S_1 与 S_2(通常 S_1 包含 2/3 的数据,S_2 包含 1/3 的数据),然后以 S_1 作为训练集建立预测模型,并以 S_2 作为测试集评估其预测准确度。这个过程重复 N 次,每次对数据集进行不同的随机划分,采用 N 次结果的平均值作为最终的评价指标。

在一个典型的交叉验证方法中,数据集 S 被随机划分为 n 个大小相等、互不相交的子集:S_1,S_2,S_3,…,S_n。然后依次将 n 个折叠中的每一个用作测试集,其余的 $(n-1)$ 个折叠用作训练集,从训练集中建立预测模型,并使用测试集评估其预测准确度。这个过程重复 n 次,每次使用不同的折叠作为测试集,采用 n 次结果的平均值作为最终的评价指标。

交叉验证方法的一个显著特点是 n 个测试集是不相交的,因此原始数据中的每个案例只会被测试 1 次。而使用标准方法划分训练集与测试集时,有些案例可能会被测试多次,另一些案例则可能不被测试,通常会导致预测性能降低。因此,本研究采用交叉验证方法,n 的取值为 10,即 10 折交叉验证(图 7.33)。

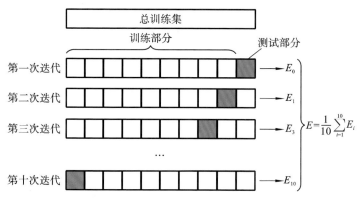

图 7.33　10 折交叉验证原理

（图片来源：黄耀.基于集成学习的居民建筑能耗预测及模型优化［D］.武汉：华中科技大学,2019）

四、住宅区风环境预测模型构建

本研究基于 scikit-learn 的 Regression 模块建立住宅区风环境预测模型,建模过程中最重要的部分是对参数进行调整,以提高模型的预测性能。研究使用网格搜索方法来调整各个参数的取值,对于给定的参数搜索范围,网格搜索会详尽地考虑所有参数组合,并输出预测准确度最高时对应的参数值。接下来以预测夏季-适宜风速区域占比时的 MSE 与 R^2 为例,对建立预测模型时需要调整的参数进行详细阐述,其余参数保持默认值。

（1）决策树

在决策树中,有 2 个重要参数:max_depth 与 min_samples_leaf。max_depth 是树的最大深度,默认值为 None,它的值越大,决策树越容易过拟合,本研究设定 max_depth 的搜索范围为 3～10,步长为 1。min_samples_leaf 是每个叶节点所需的最小样本数,默认值为 1,它的值越小,决策树越容易过拟合,本研究设定 min_samples_leaf 的搜索范围为 1～10,步长为 1。最终确定当 max_depth 为 6,min_samples_leaf 为 8 时,MSE 的值最小,为 0.1737,R^2 的值最大,为 0.8009。

（2）岭回归

在岭回归中,只有 1 个重要参数:α。在求解岭回归损失函数的极值时,需要使用最小二乘法,但是,如果原先的特征矩阵中存在共线性,最小二乘法就无法使用,此时需要引入正则化方法来解决这个问题。α 是正则化系数,默认值为 1,它的值越大,模型越不容易受到共线性的影响,本研究设定 α 的搜索范围为 0～1000,步长为 100。结果表明当 α 为 100 时,MSE 的值最小,R^2 的值最大,将搜索范围调整至 50～150,步长为 10,结果表明当 α 为 80 时,MSE 的值最小,为 0.1974,R^2 的值最大,为 0.7805。

（3）支持向量机

支持向量机回归的目标是找到一个核函数,使训练数据的输出偏差最小化。核函数的具体表现为:$K(x,y) = \Phi(x) \cdot \Phi(y)$。scikit-learn 中有 4 种类型的核函数,分别为:线性核 $K(x,y) = x \cdot y$,多项式核 $K(x,y) = (x \cdot y + r)^d$,sigmoid 核 $K(x,y) = \tanh(\gamma(x \cdot y) + r)$,高斯核 $K(x,y) = \exp(-\gamma \cdot \|x \cdot y\|^2)$。其中,$r$、$d$ 与 γ（即 gamma）是影响核函数的 3 个参数。

每种核函数都有各自的优势与劣势,需要根据数据集的情况进行选择。线性核函数与多项式核函数擅长处理线性问题,在解决非线性问题时运行速度较为缓慢;sigmoid 核函数在线性问题上的表现不如两种线性核函数,在非线性问题上的表现不如高斯核函数,较少被使用;高斯核函数的功能较为强大,在多种数据集中都有不错的表现。综上,本研究选择高斯核函数作为支持向量机的核函数。

在使用高斯核函数训练支持向量机时,有 2 个重要参数:C 与 gamma。其中,C 是所有核函数的共同参数,它在训练样本的正确分类与决策面的简单性之间进行权衡,默认值为 1,它的值越小,决策面越光滑,但是会降低预测准确度;它的值越大,能够对更多训练样本正确分类,但是会延长训练时间,本研究设定 C 的搜索范围为 0～30,步长为 0.5。gamma 是单个训练样本的影响程度,默认值为 auto,它的值越大,其他样本受影响的程度就越大,本研究设定 gamma 的搜索范围为 -10～1,步长为 0.2。结果表明,当 C 为 1.5,gamma 为 0.2 时,MSE 的值最小,为 0.0609,R^2 的值最大,为 0.8276。

（4）神经网络

本研究使用神经网络中的多层感知器模型,该前馈神经网络将所有的特征引入输入层,然后通过在隐藏层内调整权重与偏差,最后对输出层进行预测。多层感知器使用反向传播算法（back-propagation）训练非线性模型，这个过程可由多种优化算法执行，包括随机梯度下降算法（stochastic gradient descent，SGD）、均方根梯度下降算法（root mean square prop，RMSprop）与自适应估计算法（adaptive moment estimation，Adam）。

在多层感知器中，有 5 个重要参数：隐藏层个数、第一隐藏层神经元个数、其他隐藏层神经元个数、激活函数与优化算法。本研究设定隐藏层个数的搜索范围为 1～4，步长为 1；第一隐藏层神经元个数的搜索范围为 1～20，步长为 1；其他隐藏层神经元个数的搜索范围为 1～20，步长为 1；激活函数的搜索范围为 sigmoid、tanh 与 ReLU；优化算法的搜索范围为 SGD、RMSprop 与 Adam。结果表明，当隐藏层个数为 2，第一隐藏层神经元个数为 18，其他隐藏层神经元个数为 12，激活函数为 ReLU，优化算法为 RMSprop 时，MSE 的值最小，为 0.0614，R^2 的值最大，为 0.8248。

（5）随机森林

在随机森林中，有 2 个重要参数：n_estimators 与 max_features。其中，n_estimators 是集成中决策树的数量，默认值为 100，它的值越大，模型预测性能越好，同时训练时间也会越长，本研究设定 n_estimators 的搜索范围为 100～300，步长为 10。max_features 是拆分决策树的一个节点所考虑的最大特征数，默认值为 auto，它的值越小，被舍弃的特征数越多，可能会导致算法的学习不充分，本研究设定 max_features 的搜索范围为 1～18，步长为 1。结果表明，当 n_estimators 为 200，max_features 为 13 时，MSE 的值最小，为 0.0593，R^2 的值最大，为 0.8382。

（6）极限梯度提升

在极限梯度提升中，有 4 个重要参数：n_estimators、subsample、learning_rate 与 gamma。其中，n_estimators 是集成中弱学习器的数量，默认值为 100，它的值越大，算法的学习能力越强，同时也更容易过拟合，本研究设定 n_estimators 的搜索范围为 100～300，步长为 10。subsample 是新建弱学习器时随机抽样的比例，默认值为 1，它的值越大，算法抽到容易被判断错误样本的比例就越大，本研究设定 subsample 的搜索范围为 0.05～1，步长为 0.05。learning_rate 是学习率，默认值为 0.1，它的值越大，迭代速度越快，

但是可能没有收敛到最佳值,本研究设定 learning_rate 的搜索范围为 0.05
~1,步长为 0.05。gamma 是复杂度的惩罚项,默认值为 0,它的值越大,算
法的复杂度越低,本研究设定 gamma 的搜索范围为 0~5,步长为 0.5。结果
表明,当 n_estimators 为 220,subsample 为 1,learning_rate 为 0.1,gamma
为 1 时,MSE 的值最小,为 0.0581,R^2 的值最大,为 0.8543。

五、机器学习模型预测性能评价

为了比较不同模型的预测性能,本研究使用 Friedman 检验对机器学习
模型的预测准确度进行排序。Friedman 检验是一种非参数统计检验,假设
不同模型的预测性能无显著差异,然后进行以下两个步骤。

（1）计算平均序值

在表 7.7 与表 7.8 中,按照升序对每行中的评价指标进行排序,并计算
每列中的平均序值。6 种机器学习模型 MSE 的平均序值分别为 5.25、
5.75、3.25、3.75、2.00 与 1.00,R^2 的平均序值分别为 5.00、6.00、3.00、
4.00、1.75 与 1.25。

表 7.7　6 种机器学习模型的 MSE 与序值

优化目标		夏季-适宜风速区域占比	夏季-风速的离散度	冬季-静风区面积比	冬季-风速的离散度	均值
决策树	MSE	0.1737	0.1902	0.1547	0.1518	0.1676
	序值	5	6	5	5	5.25
岭回归	MSE	0.1974	0.1700	0.1821	0.1826	0.1830
	序值	6	5	6	6	5.75
支持向量机	MSE	0.0609	0.0507	0.0466	0.0524	0.0526
	序值	3	3	3	4	3.25
神经网络	MSE	0.0614	0.0540	0.0516	0.0523	0.0548
	序值	4	4	4	3	3.75
随机森林	MSE	0.0593	0.0492	0.0464	0.0448	0.0499
	序值	2	2	2	2	2.00

续表

优化目标		夏季-适宜风速区域占比	夏季-风速的离散度	冬季-静风区面积比	冬季-风速的离散度	均值
极限梯度提升	MSE	0.0581	0.0352	0.0450	0.0447	0.0457
	序值	1	1	1	1	1.00

表 7.8　6 种机器学习模型的 R^2 与序值

优化目标		夏季-适宜风速区域占比	夏季-风速的离散度	冬季-静风区面积比	冬季-风速的离散度	均值
决策树	R^2	0.8009	0.8231	0.8062	0.8186	0.8122
	序值	5	5	5	5	5.00
岭回归	R^2	0.7805	0.8216	0.8022	0.8042	0.8021
	序值	6	6	6	6	6.00
支持向量机	R^2	0.8276	0.8535	0.8515	0.8367	0.8423
	序值	3	3	3	3	3.00
神经网络	R^2	0.8248	0.8503	0.8390	0.8360	0.8375
	序值	4	4	4	4	4.00
随机森林	R^2	0.8382	0.8685	0.8575	0.8443	0.8521
	序值	2	1	2	2	1.75
极限梯度提升	R^2	0.8543	0.8618	0.8646	0.8560	0.8591
	序值	1	2	1	1	1.25

（2）检验统计量与临界值比较

Friedman 检验统计量的计算公式如式（7.9）所示。

$$X^2 = \frac{12n}{k(k+1)}\left(\sum_{i=1}^{k} r_i^2 - \frac{k(k+1)^2}{4}\right) \tag{7.9}$$

式中：X^2 为检验统计量；n 为优化目标数量；k 为预测模型数量；r_i 为第 i 个模型的平均序值，$i=1,2,3,\cdots,6$。

MSE 检验统计量的计算如下：

$$X_{MSE}^2 = \frac{12 \times 4}{6 \times (6+1)}(5.25^2 + 5.75^2 + 3.25^2 + 3.75^2 + 2.00^2 + 1.00^2 -$$

$$\frac{6 \times (6+1)^2}{4}\bigg) \approx 19.143$$

R^2 检验统计量的计算如下：

$$X_{R^2}^2 = \frac{12 \times 4}{6 \times (6+1)}(5.00^2 + 6.00^2 + 3.00^2 + 4.00^2 + 1.75^2 + 1.25^2 -$$

$$\frac{6 \times (6+1)^2}{4}\bigg) \approx 19.571$$

本次检验基于 6 种机器学习模型、4 个优化目标。根据 Friedman 检验临界值表，当显著性水平为 0.05 时，临界值 $F_{0.05[6,4]} = 6.163$，该值小于 MSE 与 R^2 的检验统计量，因此原假设不成立，不同模型的预测性能具有显著差异。

图 7.34 展示了不同模型 MSE 均值的升序排列，可以看出，在 6 种机器学习模型中，极限梯度提升模型的 MSE 均值最小，为 0.0457。其他模型的 MSE 均值按照从小到大的顺序依次为：0.0499（随机森林）、0.0526（支持向量机）、0.0548（神经网络）、0.1676（决策树）与 0.1830（岭回归）。

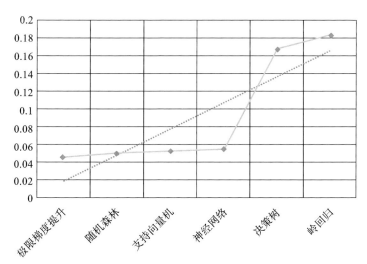

图 7.34 不同模型 MSE 均值的升序排列

图 7.35 展示了不同模型 R^2 均值的降序排列。可以看出，在 6 种机器学习模型中，极限梯度提升模型的 R^2 均值最大，为 0.8591。其他模型的 R^2 均值按照从大到小的顺序依次为：0.8521（随机森林）、0.8423（支持向量机）、

0.8375(神经网络)、0.8122(决策树)与 0.8021(岭回归)。

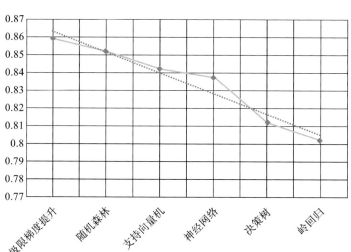

图 7.35　不同模型 R^2 均值的降序排列

由上述比较结果可知,极限梯度提升模型具有最小的 MSE 均值与最大的 R^2 均值,能够较为准确地根据住宅区的形态特征预测风环境的 4 个优化目标,综合预测性能优于其他机器学习模型。

第五节　本章总结

本章结合多目标优化结果,对居住区形态与风环境质量之间的关系进行研究。在此基础上,针对由设计变量与优化目标组成的数据集,提出了基于机器学习的住宅区风环境预测方法。

①进行多目标优化验证实验。Octopus 的优化过程进行了 30 代,其中,4 个优化目标在每一代 Pareto 解集中取得的最大(小)值均在 30 代之前趋于稳定,验证了多目标优化达到收敛;随着优化代数的增加,各代 Pareto 解的数量不断增多,验证了多目标优化均衡演进;与单目标优化结果相比,夏季-适宜风速区域占比与冬季-静风区面积比的优化幅度相差较小,验证了多目标优化性能得到充分提升。

②对多目标优化结果进行分析。第 30 代产生了 72 个 Pareto 解,其中,夏季-适宜风速区域占比的值域范围为 31.6%～59.5%,夏季-风速的离散度的值域范围为 0.599～0.861,冬季-静风区面积比的值域范围为 33.8%～63.2%,冬季-风速的离散度的值域范围为 0.437～0.756;4 个优化目标中两两之间存在制约或协同关系,可以作为方案选择时的依据;对各个设计变量的分布特征进行归纳,并结合风速分布图解释其原因。

③在 Pareto 解集合中选择典型方案进行分析。针对第 30 代的 Pareto 解,提出了基于夏季通风与冬季防风考虑的筛选原则,根据筛选原则确定了 5 个典型方案,分别为:方案 C-1(4 个优化目标均衡发展),方案 C-2(夏季-适宜风速区域占比较大,冬季-静风区面积比较大),方案 C-3(夏季-风速的离散度较小,冬季-风速的离散度较小),方案 C-4(夏季-适宜风速区域占比较大,夏季-风速的离散度较小),方案 C-5(冬季-静风区面积比较大,冬季-风速的离散度较小)。分析其设计变量的取值,为最终提出风环境优化设计策略提供参考。

④使用 scikit-learn 的 Preprocessing 模块对数据集中的数据进行预处理,包括数据清洗、数据标准化、独热编码与特征选择,将原始数据转换为适合机器学习的形式。使用 10 折交叉验证方法划分训练集与测试集,采用 10 次结果的平均值作为最终的评价指标。

⑤基于 6 种机器学习方法构建住宅区风环境预测模型,通过网格搜索方法确定预测准确度最高时对应的参数值,使用均方误差(MSE)与决定系数(R^2)作为模型预测性能的评价指标,结果表明,极限梯度提升具有最佳预测性能,其 MSE 均值最小,为 0.0457,R^2 均值最大,为 0.8591。

本章参考文献

[1] 殷晨欢.干热地区基于热舒适需求的街区空间布局与自动寻优初探[D].南京:东南大学,2018.

[2] 武雪凤,刘莹.严寒地区教学单元自然通风多目标优化设计研究[C]//董莉莉,温泉.共享·协同——2019 全国建筑院系建筑数字技术教学与研究学术研讨会论文集.北京:中国建筑工业出版社,2019.